みなさんへのメッセージ

～私たちの願い～

私たちは社会の至るところで，方向を示す“矢印”を見かけます。パッと見ただけで，矢先の示す方向に目的のものがあることを理解できる優れた記号ですが，一方で，そこから目的までの距離を知ることは一般的にはできません。

しかし，数学で扱う“ベクトル”とよばれる矢印は，向きでその方向を示すだけでなく，矢印の長さでその量の大きさも表すことができ，2つの情報を1つの矢印で表現できるという点でとても優れています。

実は，このベクトルという概念は，すでに中学校の理科において，目に見えない力の大きさと向きを視覚化し，物体に働く力のつり合いを表現したり，力の合成や分解について考えたりするときなどに利用してきました。そして，高校の物理においても，運動する物体の速度や方向を表したり，物体に働く様々な力を表現するために活用されています。

このように，**ベクトルは，数学や物理において，大切な道具の一つなのです。**

今後の数学においても，図形問題を考える際にベクトルを活用すれば，補助線を引くといった図形的な処理をしなくても，機械的な計算だけで図形的性質を導いたり，線分の長さや三角形の面積などを求めたりすることができるようになります。また，座標平面上で，三角形の3つの中線が1点で交わること（重心の存在）や三角形の各頂点からそれぞれの対辺に下ろした3つの垂線が1点で交わること（垂心の存在）を証明するといった場面では，「初等幾何の性質の利用」，「座標の設定」，「ベクトルの利用」など，**1つの問題に対して多面的にアプローチすることが可能になります。**

さらに，空間座標や空間のベクトルは，3次元の世界を理解したり，空間における点の位置を表現するために必要な概念で，3D技術やゲームのプログラミングなどにも不可欠なものです。また，平面（2次元）における様々な概念を，そのまま空間（3次元）に拡張することができるという点も，ベクトルの有用性の一つです。

また，書名「NEW ACTION FRONTIER」の“FRONTIER”には“**新しい世界を切り拓く**”という意味があります。みなさんが歩み出す社会には，容易に答えが出せない問題やそもそも正解があるかどうかさえ分からない問題がたくさんあります。本書で学習したみなさんの「真の思考力」は，問題に直面したとき，具体的な事象に置き換えて考える力，様々な情報や結果から，得られる結論を見い出す力につながり，新しい世界を切り拓いてくれるはずです。

NTIER編集委員会

目次

数学C

1章 ベクトル(53例題)

入試編

コラム一覧

Play Back

Go Ahead

【問題数】

Quick Check……………………………12題
例題・練習・問題……………………各53題
チャレンジ(コラム)……………………2題
定期テスト攻略…………………………20題
融合例題・練習・問題…………………各2題
共通テスト攻略例題……………………1題
入試攻略…………………………………8題
合計208題

本書の構成

本書『NEW ACTION FRONTIER 数学C ベクトル編』は，教科書の例題レベルから大学入試レベルの応用問題までを，**網羅的**に扱った参考書です。本書で扱う例題は，関連する内容を，“教科書レベルから大学入試レベルへ”と難易度が上がっていくように系統的に配列していますので

① 日々の学習における，ベクトルの内容の体系的な理解

② 大学入試対策における，入試問題の基本となる内容の確認

を効率よく行うことができます。

本書は次のような内容で構成されています。

[例題集]

巻頭に，例題の問題文をまとめた冊子が付いています。本体から取り外して使用することができますので，解答を見ずに例題を考えることができます。

⬇

[例題MAP] [例題一覧]

章の初めに，例題，Play Back，Go Aheadについての情報をまとめています。例題MAPでは，例題間の関係を図で表しています。学習を進める際の地図として利用してください。

まとめ

教科書で学習した用語や公式・定理などの基本事項をまとめています。

例は，まとめの項目に対応した具体例で，理解を手助けします。

Quick Check

まとめ，例の内容を理解しているかどうかを確認するための簡単な問題です。学習を進める上で必要な基本事項の定着度を，短時間で確認できます。

例題 例題

例題は選りすぐられた良問ばかりです。例題をすべてマスターすれば，定期テストや大学入試問題にもしっかり対応できます。（詳細はp.6，7を参照）

⬇

Play Back **Go Ahead**

コラム「Play Back」では，学習した内容を総合的に整理したり，重要事項をより詳しく説明したりしています。

コラム「Go Ahead」では，それまでの学習から一歩踏み出し，より発展的な内容や解法を紹介しています。

問題編

節末に，例題・練習より少しレベルアップした類題「問題」をまとめています。

定期テスト攻略

節末にある，例題と同レベルか少し難しい確認問題です。定期テストと同じような構成・分量なので，テスト前の確認ができます。各問題には ◀ で対応する例題を示していますので，解けない問題はすぐに例題を復習できます。

融合例題

入試に頻出の重要問題で，複数の章の内容が組み合わされた問題です。本書をひと通り学習した後に取り組むことで，各例題の理解度を確認し，それらを応用する力を養います。

共通テスト攻略例題

大学入学共通テストを意識した例題です。共通テストへの準備として取り組むことができます。

入試攻略

巻末に設けた大学入試の過去問集です。学習の成果を総合的に確認しながら，実戦力を養うことができます。また，大学入試対策としても活用できます。

例題ページの構成

例題番号

例題番号の色で例題の種類を表しています。
青　教科書レベル
黒　教科書の範囲外の内容や入試レベル

思考のプロセス

問題を理解し，解答の計画を立てるときの思考の流れを記述しています。数学を得意な人が，

問題を解くときにどのようなことを考えているか
どうしてそのような解答を思い付くのか

を知ることができます。
これらをヒントに **自分で考える習慣** をつけましょう。

また，**図をかく** のように，多くの問題に共通した重要な数学的思考法を**プロセスワード**として示しています。これらの数学的思考法が身に付くと，難易度の高い問題に対しても，解決の糸口を見つけることができるようになります。(詳細はp.10を参照)

Action>>
思考のプロセスでの考え方を簡潔な言葉でまとめました。その問題の解法の急所となる内容です。

<<ReAction
既習例題の **Action>>** を活用するときには，それを例題番号と合わせて明示しています。登場回数が多いほど，様々な問題に共通する大切な考え方となります。

解答

模範解答を示しています。
赤字の部分は **Action>>** や **<<ReAction** に対応する箇所です。

関連例題

この例題を理解するための前提となる内容を扱った例題を示しています。復習に活用するとともに，例題と例題がつながっていること，難しい例題も易しい例題を組み合わせたものであることを意識するようにしましょう。

例題 21　3点が一直線上

平行四辺形ABCDにおいて，
3:1に外分する点をFとする。
ことを示せ。また，AE:AFを

思考のプロセス
結論の言い換え
結論「3点A，E，Fが一直線上」
基準を定める　1次独立
($\vec{0}$でなく平行でない2つのベクトル
$\overrightarrow{AB}=\vec{b}$ と $\overrightarrow{AD}=\vec{d}$ を導入

Action>> 3点A，B，Cが一直

解 $\overrightarrow{AB}=\vec{b}$，$\overrightarrow{AD}=\vec{d}$ とする。
ABCDは平行四辺形であるから
例題19 点Eは辺CDを1:2に内分する

$$\overrightarrow{AE}=\frac{2\overrightarrow{AC}+\overrightarrow{AD}}{1+2}=\frac{2(\vec{b}+\vec{d})+\vec{d}}{3}=\frac{2\vec{b}+3\vec{d}}{3}\quad\cdots①$$

例題19 点Fは辺BCを3:1に外分する

$$\overrightarrow{AF}=\frac{(-1)\overrightarrow{AB}+3\overrightarrow{AC}}{3+(-1)}=\frac{-\vec{b}+3(\vec{b}+\vec{d})}{2}=\frac{2\vec{b}}{}$$

①，②より　$\overrightarrow{AF}=\frac{3}{2}\overrightarrow{AE}$
よって，3点A，E，Fは一直線
また，③より　AE:AF = 2:

Point....一直線上にある3点

3点A，B，Pが一直線上にある ⇔
さらに，$\overrightarrow{AP}=k\overrightarrow{AB}$ が成り立つとき
比は　AB:AP = 1:|k|

練習 21　△ABCにおいて，辺ABの
を2:1に内分する点をFと
ことを示せ。また，DF:F

本書の構成

重要

条件 ★★☆☆

1:2 に内分する点を E, 辺 BC を
, 3 点 A, E, F は一直線上にある

1 章 3 平面上の位置ベクトル

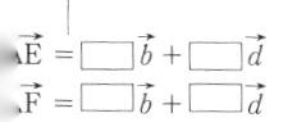

$k\overrightarrow{AE}$ を示す。

$\overrightarrow{AE} = \square\vec{b} + \square\vec{d}$
$\overrightarrow{AF} = \square\vec{b} + \square\vec{d}$

ときは, $\overrightarrow{AC} = k\overrightarrow{AB}$ を導け

$+\vec{d}$

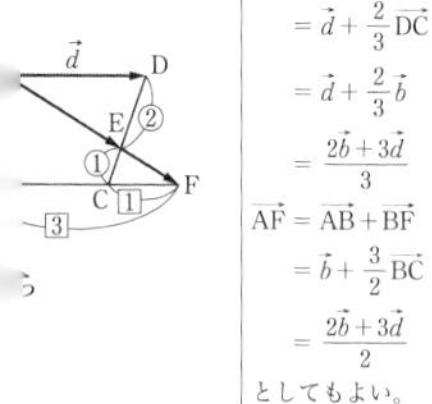

$\overrightarrow{AE} = \overrightarrow{AD} + \overrightarrow{DE}$
$= \vec{d} + \frac{2}{3}\overrightarrow{DC}$
$= \vec{d} + \frac{2}{3}\vec{b}$
$= \frac{2\vec{b} + 3\vec{d}}{3}$
$\overrightarrow{AF} = \overrightarrow{AB} + \overrightarrow{BF}$
$= \vec{b} + \frac{3}{2}\overrightarrow{BC}$
$= \frac{2\vec{b} + 3\vec{d}}{2}$
としてもよい。

・②

$\overrightarrow{AF} = \frac{3}{2} \times \frac{2\vec{b} + 3\vec{d}}{3}$
$= \frac{3}{2}\overrightarrow{AE}$

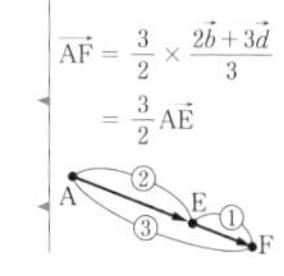

$\overrightarrow{AB}$ (k は実数)
AP の長さの

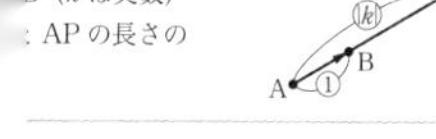

辺 BC を 2:1 に外分する点を E, 辺 AC
とき, 3 点 D, E, F が一直線上にある

51

➡p.68 問題21

重要 マーク

定期考査などで出題されやすい, 特に重要な例題です。効率的に学習したいときは, まずこのマークが付いた例題を解きましょう。

★マーク

★の数で例題の難易度を示しています。

★☆☆☆	教科書の例レベル
★★☆☆	教科書の例題レベル
★★★☆	教科書の節末・章末レベル, 入試の標準レベル
★★★★	入試のやや難しいレベル

解説

解答の考え方や式変形, 利用する公式などを補足説明しています。

ミスに注意!
うっかり忘れてしまう所や間違いやすい所に具体例を挙げています。

Point....

例題に関連する内容を一般的にまとめたり, 解答の補足をしたり, 注意事項をまとめたりしています。数学的な知識をさらに深めることができます。

練習

例題と同レベルの類題で, 例題の理解の確認や反復練習に適しています。

問題

節末に, 例題・練習より少しレベルアップした類題があり, その掲載ページ数・問題番号を示しています。

学習の方法

1 「問題を解く」ということ

問題を解く力を養うには，「自力で考える時間をなるべく多くする」ことと，「自分の答案を振り返る」ことが大切です。次のような手順で例題に取り組むとよいでしょう。

1 [例題集]を利用して，まずは自分の力で解いてみる。すぐに解けなくても15分ほど考えてみる。考えるときは，頭の中だけで考えるのではなく，図をかいてみる，具体的な数字を当てはめてみるなど，紙と鉛筆を使って手を動かして考える。

以降，各段階において自分で答案が書けたときは**5**へ，書けないときは次の段階へ

2 15分考えても分からないときは，**思考のプロセス** を読み，再び考える。

3 それでも手が動かないときに，初めて解答を読む。
解答を読む際は，Action>> や <<ReAction に関わる部分(赤文字の部分)に注意しながら読む。
また，解答右の[解説]に目を通したり，[関連例題]を振り返ったりして理解を深める。

4 ひと通り読んで理解したら，本を閉じ，解答を見ずに自分で答案を書く。解答を読んで理解することと，自分で答案を書けることは，全く違う技能であることを意識する。

5 自分の答案と参考書の解答を比べる。このとき，以下の点に注意する。
- 最終的な答の正誤だけに気を取られず，途中式や説明が書けているか確認する。
- Action>> や <<ReAction の部分を考えることができているか確認する。
- もう一度 **思考のプロセス** を読んで，考え方を理解する。
- Point....を読み，その例題のポイントを再整理する。
- [関連例題]や[例題MAP]を確認して，学んだことを体系化する。

2 参考書を問題解法の辞書として活用する

本書は，高校数学の内容を網羅した参考書です。教科書や問題集で分からない問題に出会ったときに，「数学の問題解法の辞書」として活用することができます。参考書からその問題の分野を絞り，ページをめくりながら例題タイトルや問題文を見比べて関連する問題を探し，考え方と解き方を調べましょう。

3 参考書を究極の問題集として活用する

次の❶〜❸のように活用することで，様々な時期や目的に合わせた学習を，この1冊で効率的に完結することができます。

❶ 時期 日々の学習，週末や長期休暇の課題　目的 じっくり時間をかけて，1題1題丁寧に理解したい！

まとめ Quick Check	まとめを読み，その分野の大事な用語や定理・公式を振り返る。 Quick Check を解いて，学習内容を確認する。
↓	
例題 ★〜★★★	**1「問題を解く」ということ**の手順にしたがって，問題を解く。
↓	
練習 問題編	①「練習」➡「問題」と解いて，段階的に実力アップを図る。 ② 日々の学習で「練習」を，3年生の受験対策で「問題」を解く。 ③ 例題が解けなかったとき ➡「練習」で確実に反復練習！ 例題が解けたとき ➡「問題」に挑んで実力アップ！
↓	
Play Back Go Ahead	Play Back で学習した内容をまとめ，間違いやすい箇所を確認する。 また，Go Ahead で一歩進んだ内容を学習する。

❷ 時期 定期テストの前　目的 基礎・基本は身に付いているのだろうか？確認して弱点を補いたい！

例題 ★★〜★★★★★ 重要 が付いた例題	それぞれの例題でつまずいたときには，[関連例題]を確認したり，[例題MAP]の→を遡ったりして，基礎から復習する。
↓	
例題 ★〜★★★	さらに力をつけ，高得点を狙うときは，黒文字の例題にも挑戦する。 関連する Go Ahead があれば，目を通して理解を深める。
↓	
定期テスト攻略	実際の定期テストを受けるつもりで，問題を解いてみる。 解けないときは ◀ を利用して，関連する例題を復習する。

❸ 時期 大学入試の対策　目的 3年間の総まとめ，効率よく学習し直したい！

重要 が付いた例題	1・2年生で学習した内容を確認するため，重要 が付いた例題を見返し，効率的にひと通り復習する。
↓	
例題 ★★★〜★★★★★	数学を得点源にするためには，これらの例題にも挑戦する。 入試頻出の重要テーマを，前後の例題との違いを意識しながら学習する。
↓	
融合例題	入試で必要な総合力を養う。
↓	
共通テスト攻略例題	大学入学共通テストを意識した問題に挑戦する。
↓	
入試攻略	入試攻略 で過去の入試問題に挑戦する。

数学的思考力への扉

皆さんは問題を解くとき，問題を見てすぐに答案を書き始めていませんか？
数学に限らず日常生活の場面においても，問題を解決するときには次の４つの段階があります。

(問題を理解する) ➡ (計画を立てる) ➡ (計画を実行する) ➡ (振り返ってみる)

この４つの段階のうち「計画を立てる」段階が最も大切です。初めて見る問題で「計画を立てる」ときには，定理や公式のような知識だけでは不十分で，以下のような **数学的思考法** がなければ，とても歯が立ちません。
もちろん，これらの数学的思考法を使えばどのような問題でも解決できる，ということはありません。しかし，これらの数学的思考法を十分に意識し，紙と鉛筆を使って試行錯誤するならば，初めて見る問題に対しても，計画を立て，解決の糸口を見つけることができるようになるでしょう。

図をかく ／ **図で考える** ／ **表で考える**

道順を説明するとき，文章のみで伝えようとするよりも地図を見せた方が分かりやすい。
数学においても，特に図形の問題では，問題文で与えられた条件を図に表すことで，問題の状況や求めるものが見やすくなる。

○○の言い換え （○○ ➡ 条件，求めるもの，目標，問題）

「n人の生徒に10本ずつ鉛筆を配ると，1本余る」という条件は文章のままで扱わずに，「鉛筆は全部で$(10n+1)$本」と，式で扱った方が分かりやすい。
このように，「文章の条件」を「式の条件」に言い換えたり，「式の条件」を「グラフの条件」に言い換えたりすると，式変形やグラフの性質が利用でき，解答に近づくことができる。

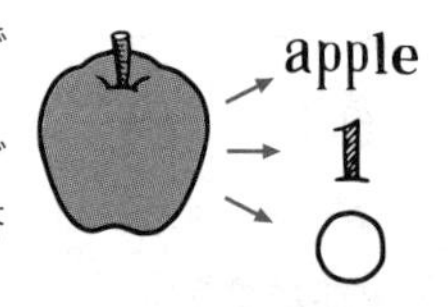

○○を分ける （○○ ➡ 問題，図，式，場合）

外出先を相談するときに，A「ピクニックに行きたい」 B「でも雨かもしれないから，買い物がいいかな」 A「天気予報では雨とは言ってなかったよ」 C「買い物するお金がない」などと話していては，決まるまでに時間がかかる。天気が晴れの場合と雨の場合に分けて考え，天気と予算についても分けて考える必要がある。
数学においても，例えば複雑な図形はそのまま考えずに，一部分を抜き出してみると三角形や円のような単純な図形となって，考えやすい場合がある。このように，複雑な問題，図，式などは部分に分け，整理して考えることで，状況を把握しやすくなり，難しさを解きほぐすことができる。

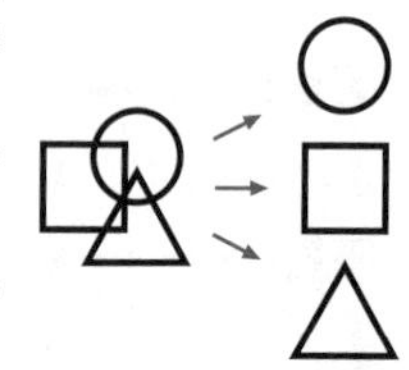

具体的に考える ／ 規則性を見つける

日常の問題でも，数学の問題でも，問題が抽象的であるほど，その状況を理解することが難しくなる。このようなときに，問題文をただ眺めて頭の中だけで考えていたのでは，解決の糸口は見つけにくい。
議論をしているときに，相手に「例えば？」と聞くように，抽象的な問題では具体例を考えると分かりやすくなる。また，具体的にいくつかの値を代入してみると，その問題がもつ規則性を発見できることもある。

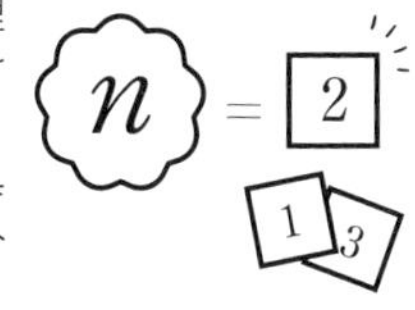

段階的に考える

ジグソーパズルに挑戦するとき，やみくもに作り出すのは得策ではない。まずは，角や端になるピースを分類する。その次に，似た色ごとにピースを分類する。そして，端の部分や，特徴のある模様の部分から作る。このように，作業は複雑であるほど，作業の全体を見通し，段階に分けてそれぞれを正確に行うことが大切である。
数学においても，同時に様々なことを考えるのではなく，段階に分けて考えることによって，より正確に解決することができる。

逆向きに考える

友人と12時に待ち合わせをしている。徒歩でバス停まで行き，バスで駅まで行き，電車を2回乗り換えて目的地に到着するような場合，12時に到着するためには何時に家を出ればよいか？　11時ではどうか，11時10分ではどうか，と試行錯誤するのではなく，12時に到着するように，電車，バス，徒歩にかかる時間を逆算して考えるだろう。
数学においても，求めるものから出発して，そのためには何が分かればよいか，さらにそのためには何が分かればよいか，…と逆向きに考えることがある。

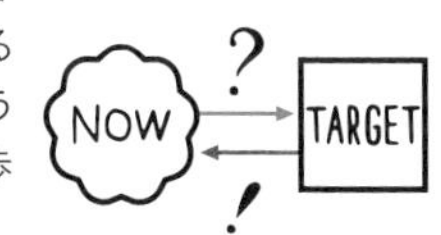

対応を考える

包み紙に1つずつ包装されたお菓子がある。満足するまでお菓子を食べた後，「自分は何個のお菓子を食べたのだろう」と気になったときには，どのように考えればよいか？　包み紙の数を数えればよい。お菓子と包み紙は1対1で対応しているので，包み紙の数を数えれば，食べたお菓子の数も分かる。
数学においても，直接考えにくいものは，それと対応関係がある考えやすいものに着目することで，問題を解きやすくすることがある。

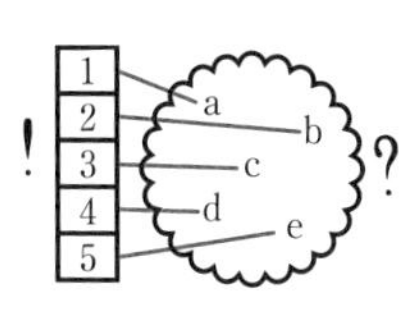

既知の問題に帰着 ／ 前問の結果の利用

日常の問題でこれまで経験したことのない問題に対して，どのようにアプローチするとよいか？　まずは，考え方を知っている似た問題を探し出すことによって，その考え方が活用できないかを考える。
数学の問題でも，まったく解いたことのない問題に対して，似た問題に帰着したり，前問の結果を利用できないかを考えることは有効である。もちろん，必ず解答にたどり着くとは限らないが，解決の糸口を見つけるきっかけになることが多い。

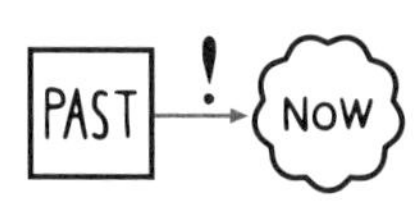

見方を変える

右の図は何に見えるだろうか？　白い部分に着目すれば壺であり，黒い部分に着目すれば向かい合った2人の顔である。このように，見方を変えると同じものでも違ったように見えることがある。
数学においても，全体のうちのAの方に着目するか，Aでない方に着目するかによって，解決が難しくなったり，簡単になったりすることがある。

未知のものを文字でおく／複雑なものを文字でおく

これまで，「鉛筆の本数をx本とおく」のように，求めるものを文字でおいた経験があるだろう。それによって，他の値をxで表したり，方程式を立てたりすることができ，解答を導くことができるようになる。また，複雑な式はそのまま考えるのではなく，複雑な部分を文字でおくことで，構造を理解しやすくなることがある。
この考え方は高校数学でも活用でき，数学的思考法の代表例である。

◯◯を減らす（◯◯ ➡ 変数，文字）

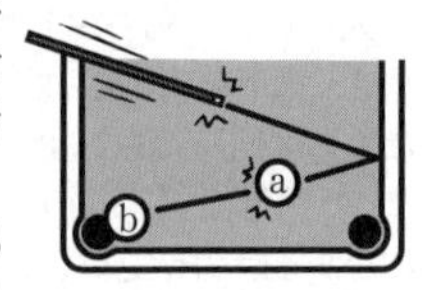

友人と出かける約束をするとき，日時も，行き先も，メンバーも決まっていないのでは，計画を立てようもない。いずれか1つでも決めておくと，それに合うように他の条件も決めやすくなる。未知のものは1つでも少なくした方が考えやすい。
数学においても，例えば連立方程式を解くときには，一方の文字を消去することによって解くことができるように，定まっていないものを減らそうと考えることは重要である。

次元を下げる／次数を下げる

空を飛び回るトンボの経路を説明するよりも，地面を歩く蟻の経路を説明する方が簡単である。荷物を床に並べるよりも，箱にしまう方が難しい。人間は3次元の中で生活をしているが，3次元よりも2次元のものの方が認識しやすい。
数学においても，3次元の立体のままでは考えることができないが，展開したり，切り取ったりして2次元にすると考えやすくなることがある。

候補を絞り込む

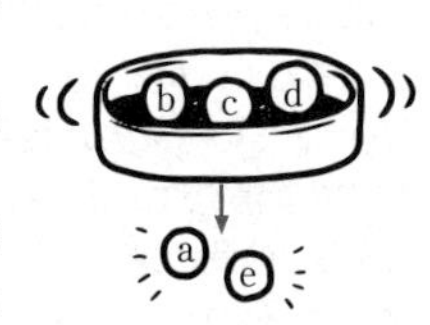

20人で集まって食事に行くとき，どういうお店に行くか？　20人全員にそれぞれ食べたいものを聞いてしまうと意見を集約させるのは難しい。まずは2，3人から寿司，ラーメンなどと意見を出してもらい，残りの人に寿司やラーメンが嫌な人は？　と聞いた方がお店は決まりやすい。
数学においても，すべての条件を満たすものを探すのではなく，まずは候補を絞り，それが他の条件を満たすかどうかを考えることによって，解答を得ることがある。

1つのものに着目

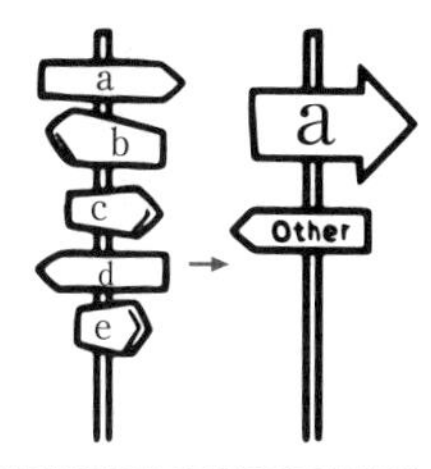

文化祭のお店で小銭がたくさん集まった。これが全部でいくらあるか考えるとき，硬貨を1枚拾っては分類していく方法と，まず500円玉を集め，次に100円玉を集め，…と1種類の硬貨に着目して整理する方法がある。
数学においても，式に多くの文字が含まれていたり，要素が多く含まれていたりするときには，1つの文字や1つの要素に着目すると，整理して考えられるようになる。

基準を定める

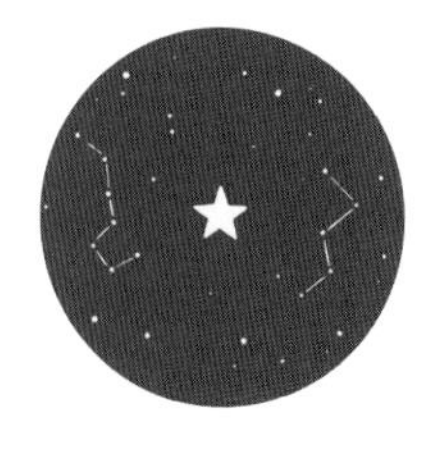

観覧車にあるゴンドラの数を数えるとき，何も考えずに数え始めると，どこから数え始めたのか分からなくなる。「体操の隊形にひらけ」ではうまく広がれないが，「Aさん基準，体操の隊形にひらけ」であれば素早く整列できる。
数学においても，基準を設定することで，同じものを重複して数えるのを防ぐことができたり，相似の中心を明確にすることで，図形の大きさを考えやすくできたりすることができる。

プロセスワード で学びを深める

分野を越えて共通する思考法を意識できます。

人に伝える際，思考を表現する共通言語となります。

数学的思考法はここまでに挙げたもの以外にはない，ということはありません。皆さんも，問題を解きながら共通している思考法を見つけて，自らの手で，自らの数学的思考法を創り上げていってください。

1章 ベクトル

例題MAP

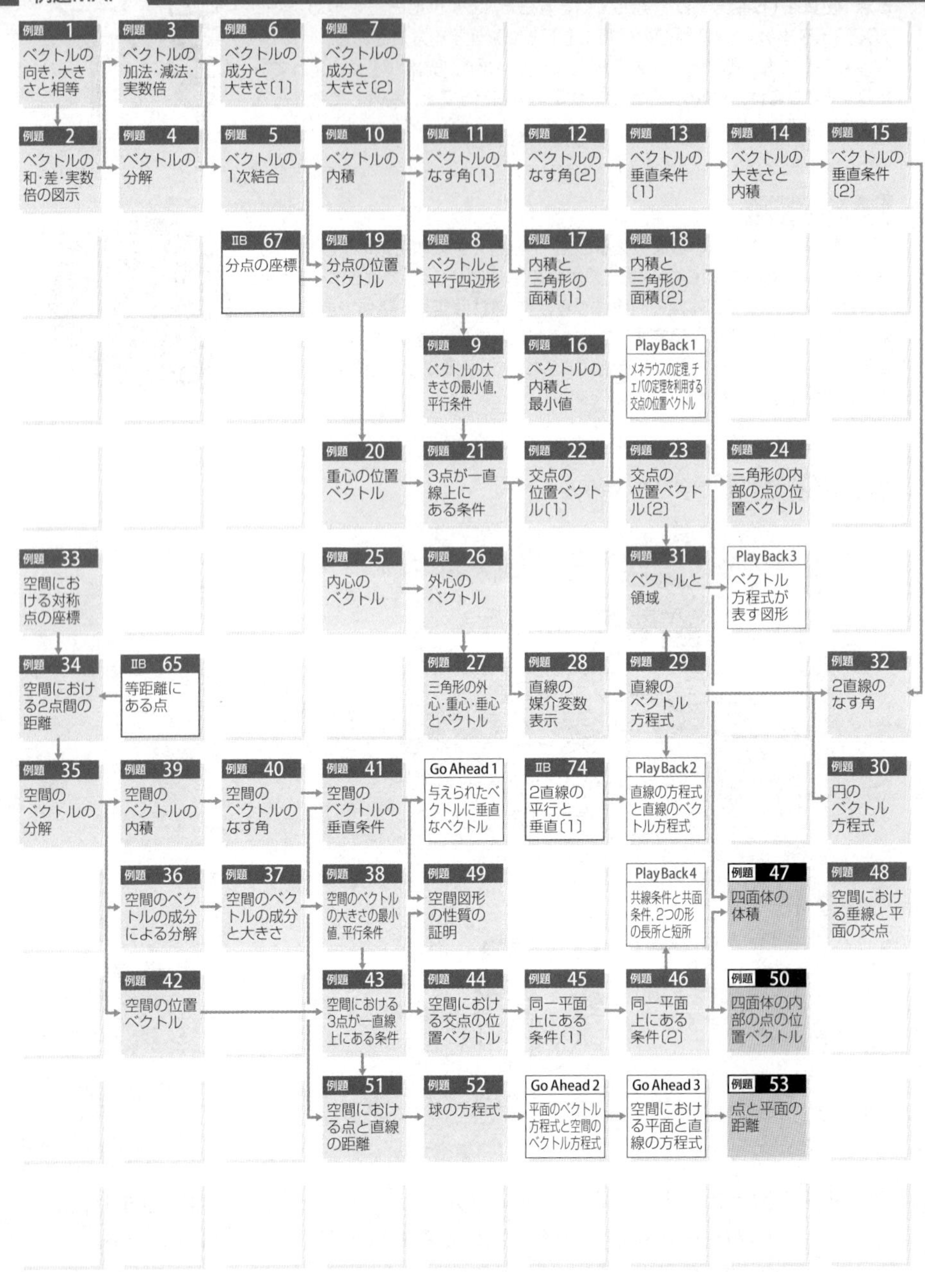

例題 1 ベクトルの向き，大きさと相等
例題 2 ベクトルの和・差・実数倍の図示
例題 3 ベクトルの加法・減法・実数倍
例題 4 ベクトルの分解
例題 5 ベクトルの1次結合
例題 6 ベクトルの成分と大きさ〔1〕
例題 7 ベクトルの成分と大きさ〔2〕
例題 10 ベクトルの内積
例題 11 ベクトルのなす角〔1〕
例題 12 ベクトルのなす角〔2〕
例題 13 ベクトルの垂直条件〔1〕
例題 14 ベクトルの大きさと内積
例題 15 ベクトルの垂直条件〔2〕
ⅡB 67 分点の座標
例題 19 分点の位置ベクトル
例題 8 ベクトルと平行四辺形
例題 17 内積と三角形の面積〔1〕
例題 18 内積と三角形の面積〔2〕
例題 9 ベクトルの大きさの最小値，平行条件
例題 16 ベクトルの内積と最小値
Play Back 1 メネラウスの定理，チェバの定理を利用する交点の位置ベクトル
例題 20 重心の位置ベクトル
例題 21 3点が一直線上にある条件
例題 22 交点の位置ベクトル〔1〕
例題 23 交点の位置ベクトル〔2〕
例題 24 三角形の内部の点の位置ベクトル
例題 33 空間における対称点の座標
例題 25 内心のベクトル
例題 26 外心のベクトル
例題 31 ベクトルと領域
Play Back 3 ベクトル方程式が表す図形
例題 34 空間における2点間の距離
ⅡB 65 等距離にある点
例題 27 三角形の外心・重心・垂心とベクトル
例題 28 直線の媒介変数表示
例題 29 直線のベクトル方程式
例題 32 2直線のなす角
例題 35 空間のベクトルの分解
例題 39 空間のベクトルの内積
例題 40 空間のベクトルのなす角
例題 41 空間のベクトルの垂直条件
Go Ahead 1 与えられたベクトルに垂直なベクトル
ⅡB 74 2直線の平行と垂直〔1〕
Play Back 2 直線の方程式と直線のベクトル方程式
例題 30 円のベクトル方程式
例題 36 空間のベクトルの成分による分解
例題 37 空間のベクトルの成分と大きさ
例題 38 空間のベクトルの大きさの最小値，平行条件
例題 49 空間図形の性質の証明
Play Back 4 共線条件と共面条件，2つの形の長所と短所
例題 47 四面体の体積
例題 48 空間における垂線と平面の交点
例題 42 空間の位置ベクトル
例題 43 空間における3点が一直線上にある条件
例題 44 空間における交点の位置ベクトル
例題 45 同一平面上にある条件〔1〕
例題 46 同一平面上にある条件〔2〕
例題 50 四面体の内部の点の位置ベクトル
例題 51 空間における点と直線の距離
例題 52 球の方程式
Go Ahead 2 平面のベクトル方程式と空間のベクトル方程式
Go Ahead 3 空間における平面と直線の方程式
例題 53 点と平面の距離

例題■は教科書の予習復習に，例題■は教科書学習後の実力 UP に適しています。
ある例題でつまずいたときは，→をたどって，基礎となる例題を復習しましょう。

この章の解説動画とデジタルコンテンツはこちら →

例題一覧

1 平面上のベクトル

例題番号	重要	デジタル	難易度	プロセスワード	
1			★☆☆☆	定義に戻る	
2		D	★☆☆☆	式を分ける	
3			★☆☆☆	既知の問題に帰着	
4		D	★★☆☆	図を分ける	
5		D	★★☆☆	文字を減らす	

2 平面上のベクトルの成分と内積

例題番号	重要	デジタル	難易度	プロセスワード	
6		D	★☆☆☆	対応を考える	
7	重		★☆☆☆	段階的に考える	
8		D	★★☆☆	条件の言い換え	
9	重	D	★★☆☆	目標の言い換え	条件の言い換え
10		D	★☆☆☆	図で考える	
11			★☆☆☆	目標の言い換え	
12		D	★★☆☆	定義に戻る	
13	重		★☆☆☆	条件の言い換え	未知のものを文字でおく
14			★★☆☆	目標の言い換え	
15		D	★★☆☆	条件の言い換え	
16			★★☆☆	目標の言い換え	
17			★★☆☆	前問の結果の利用	
18			★★★☆	既知の問題に帰着	前問の結果の利用

3 平面上の位置ベクトル

例題番号	重要	デジタル	難易度	プロセスワード	
19			★☆☆☆	公式の利用	
20			★★☆☆	結論の言い換え	
21	重		★★☆☆	結論の言い換え	基準を定める
22	重		★★☆☆	見方を変える	
PB1					
23			★★☆☆	見方を変える	
24			★★☆☆	基準を定める	求めるものの言い換え
25	重		★★☆☆	段階的に考える	
26			★★☆☆	未知のものを文字でおく	
27		D	★★☆☆	条件の言い換え	
28		D	★☆☆☆	段階的に考える	
29	重	D	★★☆☆	図で考える	
PB2					
30	重	D	★★☆☆	図で考える	
31			★★☆☆	対応を考える	
PB3					
32		D	★★☆☆	見方を変える	

4 空間におけるベクトル

例題番号	重要	デジタル	難易度	プロセスワード	
33			★★☆☆	対応を考える	
34		D	★☆☆☆	未知のものを文字でおく	
35	重		★☆☆☆	既知の問題に帰着	
36		D	★★☆☆	対応を考える	
37			★☆☆☆	未知のものを文字でおく	
38		D	★★★☆	既知の問題に帰着	
39		D	★★☆☆	図で考える	
40			★★☆☆	定義に戻る	
41	重	D	★★☆☆	未知のものを文字でおく	
GA1		D			
42	重	D	★☆☆☆	公式の利用	
43			★★☆☆	基準を定める	
44			★★☆☆	見方を変える	
45	重		★★☆☆	基準を定める	文字を減らす
46			★★☆☆	既知の問題に帰着	
PB4					
47			★★★☆	目標の言い換え	
48			★★★☆	条件の言い換え	
49			★★☆☆	基準を定める	逆向きに考える
50			★★★☆	見方を変える	
51		D	★★☆☆	未知のものを文字でおく	
52			★★☆☆	未知のものを文字でおく	
GA2					
GA3					
53			★★★☆	見方を変える	

PB…Play Back, GA…Go Ahead　D…内容の解説のためのデジタルコンテンツが付いています。
重…特に重要な例題です。限られた時間で学習するときに取り組むと効果的です。

まとめ 1　平面上のベクトル

1　ベクトルの意味

(1)　有向線分

平面上で，点 A から点 B までの移動は，線分 AB に向きを表す矢印をつけて表すことができる。このような向きのついた線分を **有向線分** という。

また，有向線分 AB において，A を **始点**，B を **終点** という。

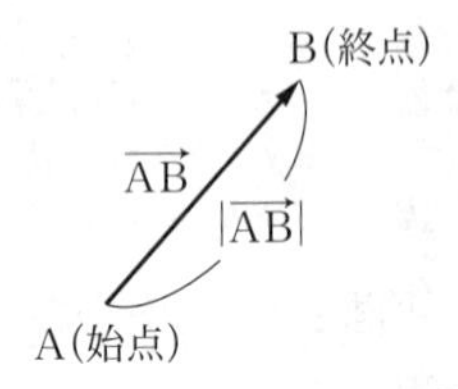

(2)　ベクトル

有向線分について，その位置を問題にせず，向きと大きさだけに着目したものを **ベクトル** という。

右の有向線分 AB の表すベクトルを $\overrightarrow{AB}$ と書く。

また，ベクトルを $\vec{a}$，$\vec{b}$，$\vec{c}$ などと表すこともある。

(3)　ベクトルの大きさ（長さ）

有向線分 AB の長さをベクトル $\overrightarrow{AB}$ の **大きさ** または長さといい，$|\overrightarrow{AB}|$ で表す。

(4)　ベクトルの相等

$\overrightarrow{AB}$ と $\overrightarrow{CD}$ において，2 つのベクトルの大きさと向きがともに一致するとき，2 つのベクトルは **等しい** といい，$\overrightarrow{AB}=\overrightarrow{CD}$ と表す。

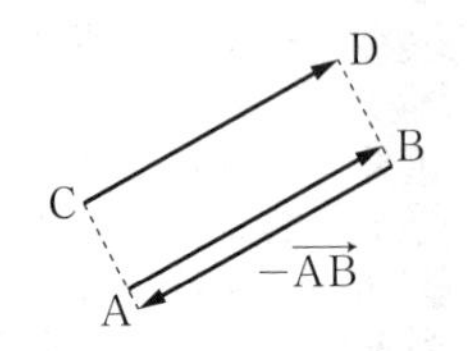

(5)　逆ベクトル

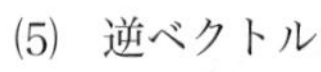

ベクトル $\vec{a}$ と大きさが同じで向きが反対のベクトルを $\vec{a}$ の **逆ベクトル** といい，$-\vec{a}$ で表す。

特に，$\overrightarrow{BA}=-\overrightarrow{AB}$ である。

(6)　零ベクトル

始点と終点が一致したベクトル $\overrightarrow{AA}$ を **零ベクトル** といい，$\vec{0}$ で表す。

$\vec{0}$ の大きさは 0，$\vec{0}$ の向きは考えない。

例　AB = 3，AD = 4 の平行四辺形 ABCD において

①　$\overrightarrow{AB}$，$\overrightarrow{AD}$ の大きさはそれぞれ

$|\overrightarrow{AB}|=3$，$|\overrightarrow{AD}|=4$

②　線分 AB と DC は平行で，長さが等しい。

また，線分 AD と BC は平行で長さが等しい。

よって　$\overrightarrow{AB}=\overrightarrow{DC}$，$\overrightarrow{AD}=\overrightarrow{BC}$

③　$\overrightarrow{CD}=-\overrightarrow{DC}=-\overrightarrow{AB}$

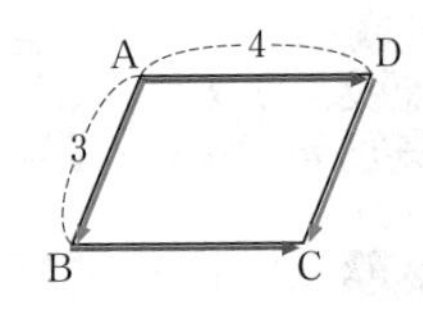

2 ベクトルの加法・減法・実数倍

(1) ベクトルの加法

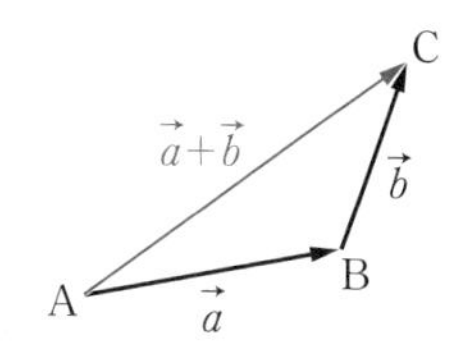

2つのベクトル $\vec{a}$, $\vec{b}$ に対して，1つの点Aをとり，次に，
$\vec{a}=\overrightarrow{AB}$, $\vec{b}=\overrightarrow{BC}$ となるように点B，Cをとる。
このとき，$\overrightarrow{AC}$ を $\vec{a}$ と $\vec{b}$ の **和** といい，$\vec{a}+\vec{b}$ と表す。
すなわち　　$\overrightarrow{AB}+\overrightarrow{BC}=\overrightarrow{AC}$

(2) ベクトルの加法の性質

(ア) $\vec{a}+\vec{b}=\vec{b}+\vec{a}$ （交換法則）　　(イ) $(\vec{a}+\vec{b})+\vec{c}=\vec{a}+(\vec{b}+\vec{c})$ （結合法則）

(ウ) $\vec{a}+\vec{0}=\vec{a}$　　(エ) $\vec{a}+(-\vec{a})=\vec{0}$

! 結合法則により，$(\vec{a}+\vec{b})+\vec{c}$ と $\vec{a}+(\vec{b}+\vec{c})$ は等しいから，括弧を省略して
$\vec{a}+\vec{b}+\vec{c}$ と書くことができる。

(3) ベクトルの減法

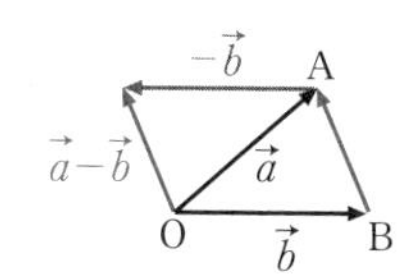

2つのベクトル $\vec{a}$, $\vec{b}$ に対して **差** $\vec{a}-\vec{b}$ を $\vec{a}-\vec{b}=\vec{a}+(-\vec{b})$
と定める。
このことから　　$\overrightarrow{OA}-\overrightarrow{OB}=\overrightarrow{BA}$

(4) ベクトルの実数倍

ベクトル $\vec{a}$ と実数 k に対して，$\vec{a}$ の k 倍 $k\vec{a}$ を次のように定める。

(ア) $\vec{a}\neq\vec{0}$ のとき

(i) $k>0$ ならば，$\vec{a}$ と同じ向きで大きさが k 倍のベクトル

(ii) $k<0$ ならば，$\vec{a}$ と反対向きで大きさが $|k|$ 倍のベクトル

(iii) $k=0$ ならば，$\vec{0}$

(イ) $\vec{a}=\vec{0}$ のとき　　$k\vec{a}=\vec{0}$

このとき，$|k\vec{a}|=|k||\vec{a}|$ が成り立つ。また，$\frac{1}{k}\vec{a}$ を $\frac{\vec{a}}{k}$ と書くことがある。

(5) 単位ベクトル

大きさが1のベクトルを **単位ベクトル** という。　　← $\vec{e}$ が単位ベクトルのとき $|\vec{e}|=1$

$\vec{a}\neq\vec{0}$ のとき，$\vec{a}$ と同じ向きの単位ベクトルは $\dfrac{\vec{a}}{|\vec{a}|}$ である。

(6) ベクトルの実数倍の性質

(ア) $k(l\vec{a})=(kl)\vec{a}$　　(イ) $(k+l)\vec{a}=k\vec{a}+l\vec{a}$　　(ウ) $k(\vec{a}+\vec{b})=k\vec{a}+k\vec{b}$

(7) ベクトルの平行

$\vec{0}$ でない2つのベクトル $\vec{a}$, $\vec{b}$ が同じ向きまたは反対向きであるとき，$\vec{a}$ と $\vec{b}$ は平行であるといい，$\vec{a}\parallel\vec{b}$ と書く。

$\vec{a}\neq\vec{0}$, $\vec{b}\neq\vec{0}$ のとき

$\vec{a}\parallel\vec{b}\iff\vec{b}=k\vec{a}$ **となる実数 k が存在する**

例　(1)　右の $\vec{a}$，$\vec{b}$ に対して，$2\vec{a}+\vec{b}$，$\vec{a}-\dfrac{1}{2}\vec{b}$ を図示すると，

下のようになる。

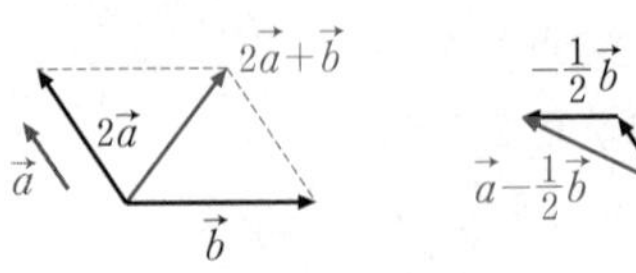

(2)　①　$\overrightarrow{PQ}+\overrightarrow{QR}+\overrightarrow{RP}=(\overrightarrow{PQ}+\overrightarrow{QR})+\overrightarrow{RP}$

$=\overrightarrow{PR}+\overrightarrow{RP}$

$=\overrightarrow{PP}=\vec{0}$

②　$\overrightarrow{OS}-\overrightarrow{OT}=\overrightarrow{OS}+(-\overrightarrow{OT})$

$=\overrightarrow{OS}+\overrightarrow{TO}$

$=\overrightarrow{TO}+\overrightarrow{OS}=\overrightarrow{TS}$

(3)　ベクトルの加法，減法，実数倍の計算は，文字式の計算と同様に次のように行うことができる。

①　$2\vec{a}+3\vec{a}-\vec{a}=(2+3-1)\vec{a}$

$=4\vec{a}$

⬅ $2a+3a-a=4a$
と同様に考える。

②　$5(\vec{a}-2\vec{b})-4(\vec{a}-3\vec{b})$

$=5\vec{a}-10\vec{b}-4\vec{a}+12\vec{b}$

$=(5-4)\vec{a}+(-10+12)\vec{b}$

$=\vec{a}+2\vec{b}$

⬅ $5(a-2b)-4(a-3b)$
$=5a-10b-4a+12b$
$=(5-4)a+(-10+12)b$
$=a+2b$
と同様に考える。

3 ｜ベクトルの1次独立

$\vec{a}\neq\vec{0}$，$\vec{b}\neq\vec{0}$，$\vec{a}$ と $\vec{b}$ が平行でない（$\vec{a}\not\parallel\vec{b}$）とき，$\vec{a}$ と $\vec{b}$ は**1次独立**であるという。

$\vec{a}$ と $\vec{b}$ が1次独立のとき，平面上の任意のベクトル $\vec{p}$ は $\vec{p}=k\vec{a}+l\vec{b}$ の形にただ1通りに表される。ただし，k，l は実数である。

すなわち　$\boldsymbol{k\vec{a}+l\vec{b}=k'\vec{a}+l'\vec{b}\iff k=k',\ l=l'}$

特に　$\boldsymbol{k\vec{a}+l\vec{b}=\vec{0}\iff k=l=0}$

例　$\vec{a}$ と $\vec{b}$ が1次独立のとき

$k\vec{a}+l\vec{b}=3\vec{a}+4\vec{b}$ ならば　$k=3$，$l=4$

Quick Check 1

▶▶解答編 p.1

ベクトルの意味

① 正方形ABCDの辺AB，CDの中点をそれぞれE，Fとする。A，B，C，D，E，Fの各点を，始点，終点とするベクトルのうちで，次のベクトルをすべて答えよ。

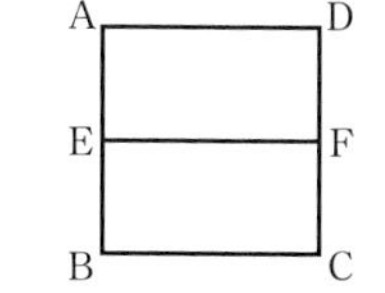

(1) $\overrightarrow{AD}$ と等しいベクトル

(2) $\overrightarrow{AC}$ と大きさが等しいベクトル

(3) $\overrightarrow{AE}$ と向きが同じベクトル

(4) $\overrightarrow{AF}$ の逆ベクトル

ベクトルの加法・減法・実数倍

②〔1〕 次のベクトルについて，$\vec{a}+\vec{b}$，$\vec{a}-\vec{b}$，$2\vec{a}$，$-2\vec{b}$ を図示せよ。

(1)

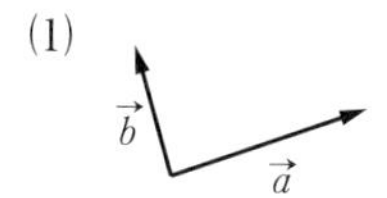

(2)

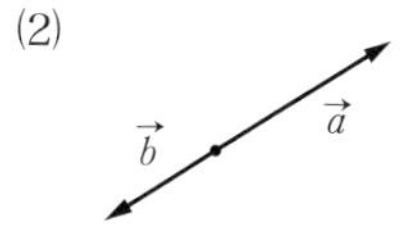

〔2〕 次のベクトルの計算をせよ。

(1) $5\vec{a}+2(-\vec{a}+2\vec{b})$

(2) $2\vec{a}-3\vec{b}-(\vec{a}-2\vec{b})$

(3) $3(\vec{a}-2\vec{b})-2(2\vec{a}-4\vec{b})$

(4) $-\dfrac{1}{3}(2\vec{a}-3\vec{b})-\dfrac{1}{2}(3\vec{a}+2\vec{b})$

〔3〕 次のベクトルを求めよ。

(1) $\vec{a}$ の大きさが5であるとき，$\vec{a}$ と平行な単位ベクトル

(2) $\vec{e}$ を単位ベクトルとするとき，$\vec{e}$ と同じ向きで大きさが2のベクトル

ベクトルの1次独立

③ $\vec{a}\neq\vec{0}$，$\vec{b}\neq\vec{0}$，$\vec{a}$ と $\vec{b}$ が平行でないとき，次の等式を満たす実数 k，l の値を求めよ。

(1) $3\vec{a}+k\vec{b}=l\vec{a}-\vec{b}$

(2) $\vec{c}=2\vec{a}$，$\vec{d}=\vec{a}+\vec{b}$，$5\vec{a}+3\vec{b}=k\vec{c}+l\vec{d}$

例題 1　ベクトルの向き，大きさと相等　★☆☆☆

右の図において，次の条件を満たすベクトルの組をすべて求めよ。

(1)　同じ向きのベクトル
(2)　大きさの等しいベクトル
(3)　等しいベクトル
(4)　互いに逆ベクトル

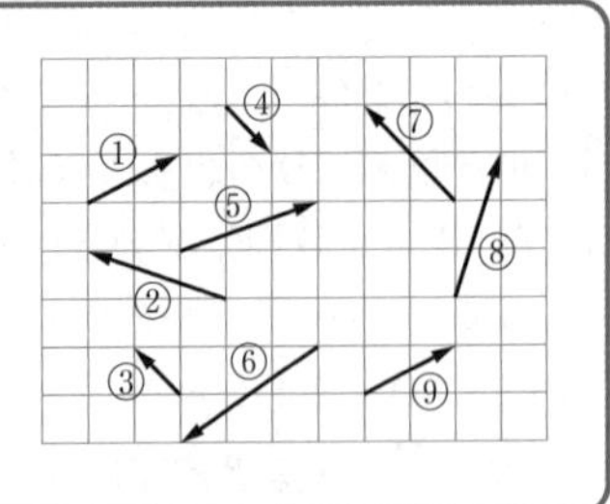

思考のプロセス

ベクトル…「大きさ」と「向き」をもつ量（位置は無関係）

定義に戻る

等しいベクトル ⟹ {「大きさ」が等しい／「向き」が等しい}

逆ベクトル ⟹ {「大きさ」が等しい／「向き」が反対}

$\vec{a}$と等しい

$\vec{a}$

$\vec{a}$の逆ベクトル

❗ いずれも，位置はどこにあってもよい。

Action>> ベクトルは，向きと大きさを考えよ

解 (1)　大きさは考えずに，互いに平行で，矢印の向きが同じベクトルであるから

①と⑨，③と⑦

(2)　向きは考えずに，大きさが等しいベクトルであるから

①と⑨，③と④，②と⑤と⑧

(3)　互いに平行，矢印の向きが同じで，大きさも等しいベクトルであるから

①と⑨

(4)　互いに平行，矢印の向きが反対で，大きさが等しいベクトルであるから

③と④

◀向きは，各ベクトルを対角線とする四角形をもとに考える。

◀(1)と(2)のどちらにも入っている組を求めればよい。

Point....ベクトルの意味とベクトルの相等

有向線分（向きのついた線分）について，その位置を問題にせず，向きと大きさだけに着目したものを **ベクトル** という。
2つのベクトルが等しいとき，これらのベクトルを表す有向線分の一方を平行移動して，他方に重ね合わせることができる。

$\vec{a}$　$\vec{b}$

練習 1　右の図のベクトル $\vec{a}$ と次の関係にあるベクトルをすべて求めよ。

(1)　同じ向きのベクトル
(2)　大きさの等しいベクトル
(3)　等しいベクトル
(4)　逆ベクトル

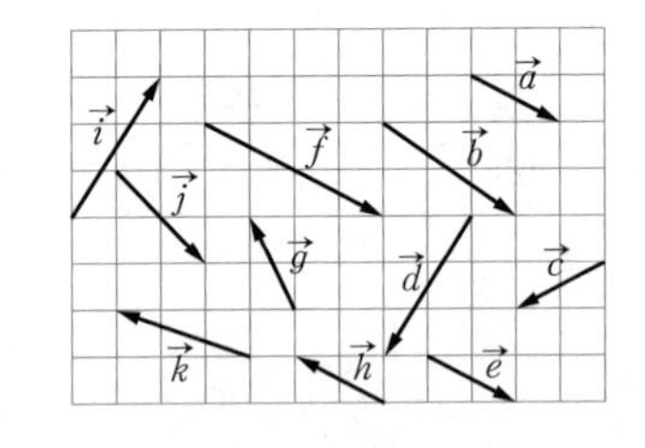

➡p.25 問題1

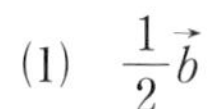

例題 2　ベクトルの和・差・実数倍の図示

D ★☆☆☆

右の図の 3 つのベクトル $\vec{a}$, $\vec{b}$, $\vec{c}$ について，次のベクトルを図示せよ。ただし，始点は O とせよ。

(1) $\frac{1}{2}\vec{b}$　(2) $\vec{a}+\frac{1}{2}\vec{b}$　(3) $\vec{a}+\frac{1}{2}\vec{b}-2\vec{c}$

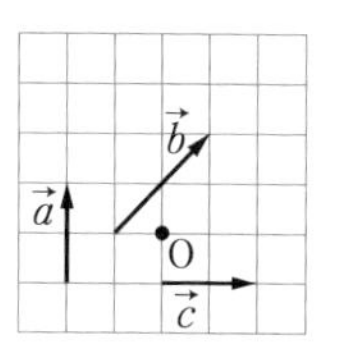

思考のプロセス

ベクトルは位置に無関係であるから，平行移動して考える。

例　和 $\vec{a}+\vec{b}$ ⟹ $\vec{a}$ の終点と $\vec{b}$ の始点を重ねたとき，始点を $\vec{a}$ の始点，終点を $\vec{b}$ の終点とするベクトル

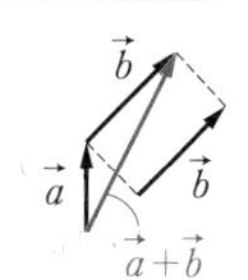

式を分ける

(3) $\vec{a}+\frac{1}{2}\vec{b}-2\vec{c}=\vec{a}+\frac{1}{2}\vec{b}+(-2\vec{c})$ ⟹ $\vec{a}+\frac{1}{2}\vec{b}$ の終点と $-2\vec{c}$ の始点を重ねる。

この 2 つのベクトルの和と考える

Action>> ベクトルの図示は，和の形に直して終点に始点を重ねよ

解 (1)

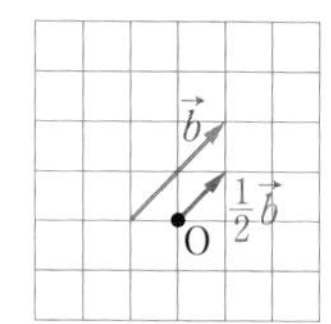

(2)

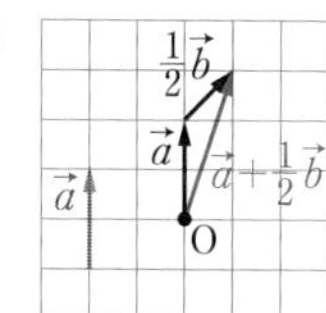

(3) $\vec{a}+\frac{1}{2}\vec{b}-2\vec{c}$

$=\left(\vec{a}+\frac{1}{2}\vec{b}\right)+(-2\vec{c})$

と考えて，(2) の結果を利用すると，右の図になる。

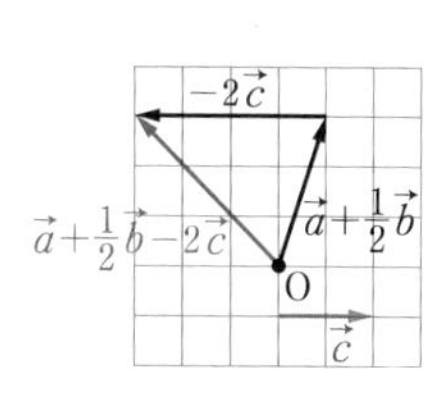

〔別解〕 $\vec{a}+\frac{1}{2}\vec{b}$ と $2\vec{c}$ の始点を O に重ねると，

$\vec{a}+\frac{1}{2}\vec{b}-2\vec{c}$ は $2\vec{c}$ の終点から $\vec{a}+\frac{1}{2}\vec{b}$ の終点へ向かうベクトルである。

このベクトルを始点が点 O と重なるように平行移動すると，右の図になる。

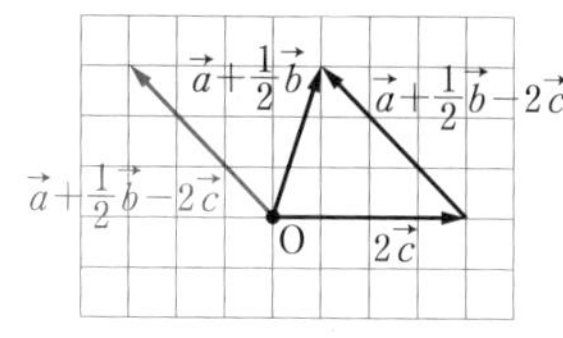

◀(1) において，$\frac{1}{2}\vec{b}$ は $\vec{b}$ と同じ向きで大きさが $\frac{1}{2}$ 倍のベクトルである。

◀(2) において，$\vec{a}$ の終点に $\frac{1}{2}\vec{b}$ の始点を重ねると，$\vec{a}+\frac{1}{2}\vec{b}$ は $\vec{a}$ の始点から $\frac{1}{2}\vec{b}$ の終点へ向かうベクトルである。

◀始点を重ねて差のベクトルをつくる。

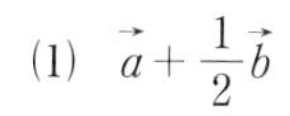

練習 2　右の図の 3 つのベクトル $\vec{a}$, $\vec{b}$, $\vec{c}$ について，次のベクトルを図示せよ。ただし，始点は O とせよ。

(1) $\vec{a}+\frac{1}{2}\vec{b}$　(2) $\vec{a}+\frac{1}{2}\vec{b}-\vec{c}$

(3) $\vec{a}-\vec{b}-2\vec{c}$

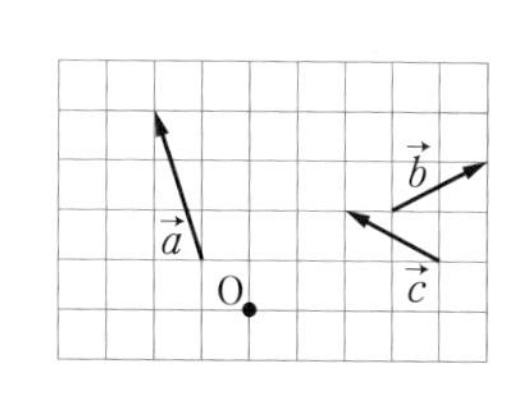

➡p.25 問題2

例題 3　ベクトルの加法・減法・実数倍　★☆☆☆

平面上に2つのベクトル $\vec{a}$, $\vec{b}$ がある。

(1) $\vec{p}=\vec{a}+\vec{b}$, $\vec{q}=\vec{a}+2\vec{b}$ のとき，$3\vec{p}-5(\vec{q}-2\vec{p})$ を $\vec{a}$, $\vec{b}$ で表せ。

(2) $2\vec{x}+6\vec{a}=5(3\vec{b}+\vec{x})$ を満たす $\vec{x}$ を $\vec{a}$, $\vec{b}$ で表せ。

(3) $2\vec{x}+\vec{y}=5\vec{a}+7\vec{b}$, $\vec{x}+2\vec{y}=4\vec{a}+2\vec{b}$ を同時に満たす $\vec{x}$, $\vec{y}$ を $\vec{a}$, $\vec{b}$ で表せ。

思考のプロセス

Action>> ベクトルの加法・減法・実数倍は，文字式と同様に行え

既知の問題に帰着

(1) $p=a+b$，$q=a+2b$ のとき，$3p-5(q-2p)$ を a, b で表すことと同様に考える。

(2) 1次方程式 $2x+6a=5(3b+x)$ と同様に考える。

(3) 連立方程式 $\begin{cases}2x+y=5a+7b\\x+2y=4a+2b\end{cases}$ と同様に考える。

解 (1) $3\vec{p}-5(\vec{q}-2\vec{p})=3\vec{p}-5\vec{q}+10\vec{p}=13\vec{p}-5\vec{q}$

$=13(\vec{a}+\vec{b})-5(\vec{a}+2\vec{b})=13\vec{a}+13\vec{b}-5\vec{a}-10\vec{b}$

$=\boldsymbol{8\vec{a}+3\vec{b}}$

◀まず $\vec{p}$ と $\vec{q}$ について式を整理し，その後 $\vec{p}=\vec{a}+\vec{b}$ と $\vec{q}=\vec{a}+2\vec{b}$ を代入する。

(2) $2\vec{x}+6\vec{a}=5(3\vec{b}+\vec{x})$ より

$2\vec{x}+6\vec{a}=15\vec{b}+5\vec{x}$

$-3\vec{x}=-6\vec{a}+15\vec{b}$

よって　$\boldsymbol{\vec{x}=2\vec{a}-5\vec{b}}$

◀x に関する1次方程式 $2x+6a=5(3b+x)$ と同じ手順で解けばよい。

(3) $2\vec{x}+\vec{y}=5\vec{a}+7\vec{b}$ …①，$\vec{x}+2\vec{y}=4\vec{a}+2\vec{b}$ …② とおく。

①×2－② より　$3\vec{x}=6\vec{a}+12\vec{b}$

◀$\vec{y}$ を消去する。

よって　$\boldsymbol{\vec{x}=2\vec{a}+4\vec{b}}$

②×2－① より　$3\vec{y}=3\vec{a}-3\vec{b}$

よって　$\boldsymbol{\vec{y}=\vec{a}-\vec{b}}$

Point....ベクトルの加法，減法，実数倍に関する計算法則

(1) $\vec{a}+\vec{b}=\vec{b}+\vec{a}$　(交換法則)　　(2) $(\vec{a}+\vec{b})+\vec{c}=\vec{a}+(\vec{b}+\vec{c})$　(結合法則)

(3) $\vec{a}+\vec{0}=\vec{a}$, $\vec{a}+(-\vec{a})=\vec{0}$　　(4) $k(l\vec{a})=(kl)\vec{a}$

(5) $(k+l)\vec{a}=k\vec{a}+l\vec{a}$, $k(\vec{a}+\vec{b})=k\vec{a}+k\vec{b}$

練習 3　平面上に2つのベクトル $\vec{a}$, $\vec{b}$ がある。

(1) $\vec{p}=\vec{a}+\vec{b}$, $\vec{q}=\vec{a}-\vec{b}$ のとき，$2(\vec{p}-3\vec{q})+3(\vec{p}+4\vec{q})$ を $\vec{a}$, $\vec{b}$ で表せ。

(2) $\vec{b}-3\vec{x}+5\vec{a}=2(\vec{a}+5\vec{b}-\vec{x})$ を満たす $\vec{x}$ を $\vec{a}$, $\vec{b}$ で表せ。

(3) $3\vec{x}+\vec{y}=9\vec{a}-7\vec{b}$, $2\vec{x}-\vec{y}=\vec{a}-8\vec{b}$ を同時に満たす $\vec{x}$, $\vec{y}$ を $\vec{a}$, $\vec{b}$ で表せ。

➡p.25 問題3

例題 4　ベクトルの分解

D ★★☆☆

右の図の正六角形 ABCDEF において，$\overrightarrow{AB}=\vec{a}$，$\overrightarrow{AF}=\vec{b}$ とするとき，次のベクトルを $\vec{a}$，$\vec{b}$ で表せ。

(1) $\overrightarrow{BC}$　(2) $\overrightarrow{EC}$　(3) $\overrightarrow{AE}$　(4) $\overrightarrow{FD}$

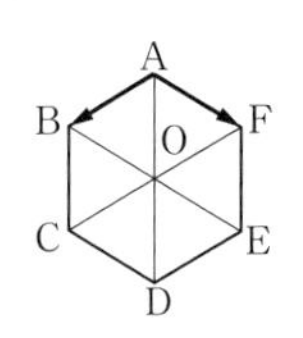

思考のプロセス

図を分ける

$\overrightarrow{PQ}=\overrightarrow{P○}+\overrightarrow{○Q}$

$=\overrightarrow{P○}+\overrightarrow{○□}+\overrightarrow{□Q}$

どこを経由してもよい

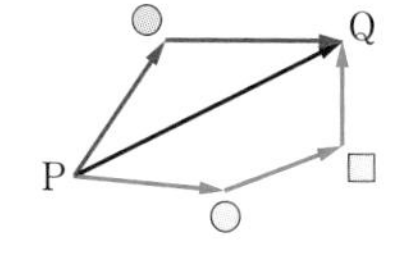

△OAB と合同な正三角形が 6 個あることに注意する。

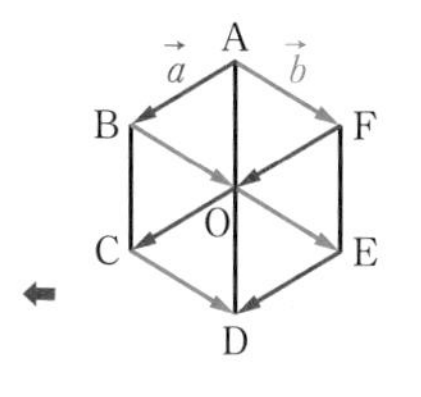

① 図の中にある $\vec{a}$，$\vec{b}$ に等しいベクトルを探す。

② それらやその逆ベクトルをつないで，求めるベクトルを表す。

Action>> ベクトルの分解は，平行な辺を探して $\overrightarrow{AB}=\overrightarrow{AC}+\overrightarrow{CB}$ を使え

解 (1) $\overrightarrow{BC}=\overrightarrow{BO}+\overrightarrow{OC}$

ここで，$\overrightarrow{BO}=\overrightarrow{AF}=\vec{b}$，$\overrightarrow{OC}=\overrightarrow{AB}=\vec{a}$ より

$\overrightarrow{BC}=\vec{b}+\vec{a}=\boldsymbol{a}+\boldsymbol{b}$

> $\overrightarrow{BC}=\overrightarrow{AO}=\overrightarrow{AB}+\overrightarrow{AF}$
> $=\vec{a}+\vec{b}$
> としてもよい。
> $\overrightarrow{AB}=\overrightarrow{FO}=\overrightarrow{OC}=\overrightarrow{ED}=\vec{a}$
> $\overrightarrow{AF}=\overrightarrow{BO}=\overrightarrow{OE}=\overrightarrow{CD}=\vec{b}$
> $\overrightarrow{AO}=\overrightarrow{BC}=\overrightarrow{FE}=\overrightarrow{OD}$

(2) $\overrightarrow{EC}=\overrightarrow{EO}+\overrightarrow{OC}$

ここで，$\overrightarrow{EO}=\overrightarrow{FA}=-\overrightarrow{AF}=-\vec{b}$，$\overrightarrow{OC}=\overrightarrow{AB}=\vec{a}$ より

$\overrightarrow{EC}=-\vec{b}+\vec{a}=\boldsymbol{a}-\boldsymbol{b}$

> $\overrightarrow{EC}=\overrightarrow{FB}$
> $=\overrightarrow{AB}-\overrightarrow{AF}=\vec{a}-\vec{b}$
> としてもよい。

(3) $\overrightarrow{AE}=\overrightarrow{AF}+\overrightarrow{FE}$

ここで，$\overrightarrow{FE}=\overrightarrow{FO}+\overrightarrow{OE}=\vec{a}+\vec{b}$ より

$\overrightarrow{AE}=\vec{b}+(\vec{a}+\vec{b})=\boldsymbol{a}+2\boldsymbol{b}$

> $\overrightarrow{AE}=\overrightarrow{AB}+\overrightarrow{BE}$
> $=\vec{a}+2\vec{b}$
> としてもよい。

(1)

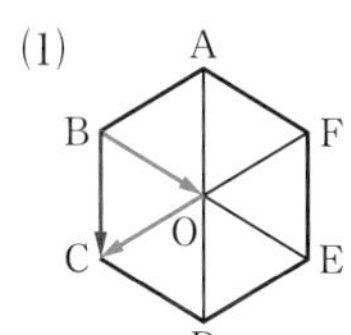

(2)

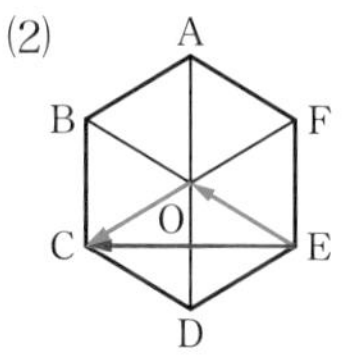

(3)

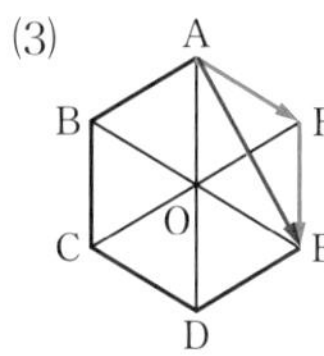

(4) $\overrightarrow{FD}=\overrightarrow{FE}+\overrightarrow{ED}$

ここで，$\overrightarrow{ED}=\overrightarrow{AB}=\vec{a}$ より

$\overrightarrow{FD}=(\vec{a}+\vec{b})+\vec{a}=2\boldsymbol{a}+\boldsymbol{b}$

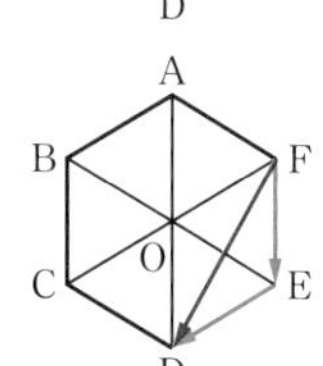

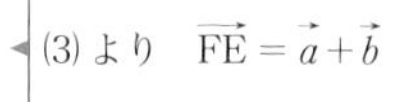

練習 4　右の図の正六角形 ABCDEF において，$\overrightarrow{OA}=\vec{a}$，$\overrightarrow{OB}=\vec{b}$ とするとき，次のベクトルを $\vec{a}$，$\vec{b}$ で表せ。

(1) $\overrightarrow{BC}$　(2) $\overrightarrow{DE}$　(3) $\overrightarrow{FD}$　(4) $\overrightarrow{CE}$

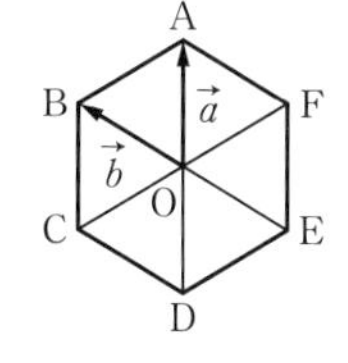

➡ p.25 問題 4

例題 5 ベクトルの1次結合

D ★★☆☆

$AB=4$, $AD=3$ である平行四辺形 ABCD において，辺 CD の中点を M とする。$\overrightarrow{AB}$, $\overrightarrow{AD}$ と同じ向きの単位ベクトルをそれぞれ $\vec{a}$, $\vec{b}$ とするとき

(1) $\overrightarrow{AC}$, $\overrightarrow{DB}$, $\overrightarrow{AM}$ を $\vec{a}$, $\vec{b}$ で表せ。

(2) $\overrightarrow{AC}=\vec{p}$, $\overrightarrow{DB}=\vec{q}$ とするとき，$\overrightarrow{AM}$ を $\vec{p}$, $\vec{q}$ で表せ。

思考のプロセス

($\vec{a}$ と $\vec{b}$ は ともに $\vec{0}$ でなく，平行でない) ⟹ (平面上のすべてのベクトルは $k\vec{a}+l\vec{b}$ の形で表すことができる。)

1次独立　　1次結合

$k\vec{a}$, $\vec{p}$, $\vec{a}$, $\vec{b}$, $l\vec{b}$

(1) $\vec{a}$, $\vec{b}$ は大きさが1であるから　$\overrightarrow{AB}=\square\,\vec{a}$, $\overrightarrow{AD}=\square\,\vec{b}$

(2) **文字を減らす** (1) より

$$\begin{cases}\vec{p}=\square\,\vec{a}+\square\,\vec{b}\\ \vec{q}=\square\,\vec{a}+\square\,\vec{b}\\ \overrightarrow{AM}=\square\,\vec{a}+\square\,\vec{b}\end{cases} \Longrightarrow \begin{cases}\vec{a}=\square\,\vec{p}+\square\,\vec{q}\\ \vec{b}=\square\,\vec{p}+\square\,\vec{q}\end{cases}$$

代入すると，$\overrightarrow{AM}$ が $\vec{p}$, $\vec{q}$ で表される。

ReAction ベクトルの加法・減法，実数倍は，文字式と同様に行え ◀例題 3

解 (1) $AB=4$, $AD=3$ より

$\overrightarrow{AB}=4\vec{a}$, $\overrightarrow{AD}=3\vec{b}$

◀ $\vec{a}$, $\vec{b}$ は単位ベクトルである。

D, M, C, A, B, $\vec{b}$, $\vec{a}$

よって

$\overrightarrow{AC}=\overrightarrow{AB}+\overrightarrow{BC}$

$=\overrightarrow{AB}+\overrightarrow{AD}=\mathbf{4\vec{a}+3\vec{b}}$

$\overrightarrow{DB}=\overrightarrow{AB}-\overrightarrow{AD}=\mathbf{4\vec{a}-3\vec{b}}$

◀ $\overrightarrow{DB}=\overrightarrow{DA}+\overrightarrow{AB}$
$=-\overrightarrow{AD}+\overrightarrow{AB}$
としてもよい。

$\overrightarrow{AM}=\overrightarrow{AD}+\overrightarrow{DM}=\overrightarrow{AD}+\dfrac{1}{2}\overrightarrow{AB}$

$=3\vec{b}+\dfrac{1}{2}\times 4\vec{a}=\mathbf{2\vec{a}+3\vec{b}}$

◀ $k\vec{a}+l\vec{b}$ の形のベクトルを $\vec{a}$, $\vec{b}$ の **1次結合** という。

(2) (1) より $\begin{cases}\vec{p}=4\vec{a}+3\vec{b} & \cdots ①\\ \vec{q}=4\vec{a}-3\vec{b} & \cdots ②\end{cases}$

◀ ①, ② から，$\vec{a}$, $\vec{b}$ を $\vec{p}$, $\vec{q}$ で表す。
x, y の連立方程式
$\begin{cases}p=4x+3y\\ q=4x-3y\end{cases}$
と同じ手順で解けばよい。

①＋② より　$\vec{p}+\vec{q}=8\vec{a}$　すなわち　$\vec{a}=\dfrac{1}{8}(\vec{p}+\vec{q})$

①－② より　$\vec{p}-\vec{q}=6\vec{b}$　すなわち　$\vec{b}=\dfrac{1}{6}(\vec{p}-\vec{q})$

よって　$\overrightarrow{AM}=2\vec{a}+3\vec{b}$

◀ (1) の結果を利用する。

$=\dfrac{1}{4}(\vec{p}+\vec{q})+\dfrac{1}{2}(\vec{p}-\vec{q})=\mathbf{\dfrac{3}{4}\vec{p}-\dfrac{1}{4}\vec{q}}$

練習 5 $AB=3$ であるひし形 ABCD において，辺 BC を 1:2 に内分する点を E とする。$\overrightarrow{AB}$, $\overrightarrow{AD}$ と同じ向きの単位ベクトルをそれぞれ $\vec{a}$, $\vec{b}$ とするとき

(1) $\overrightarrow{AC}$, $\overrightarrow{BD}$, $\overrightarrow{AE}$ を $\vec{a}$, $\vec{b}$ で表せ。

(2) $\overrightarrow{AC}=\vec{p}$, $\overrightarrow{BD}=\vec{q}$ とするとき，$\overrightarrow{AE}$ を $\vec{p}$, $\vec{q}$ で表せ。

➡p.25 問題5

平面上のベクトル

▶▶解答編 p.4

1 ★☆☆☆

右の図において，次の条件を満たすベクトルの組をすべて求めよ。

(1) 大きさの等しいベクトル

(2) 互いに逆ベクトル

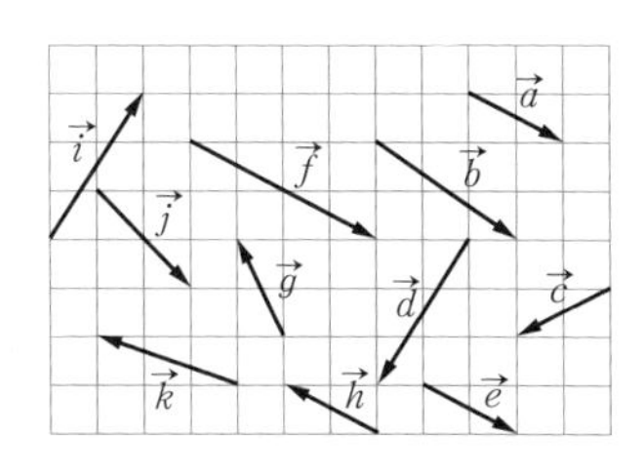

2 ★☆☆☆

右の図の 3 つのベクトル $\vec{a}$，$\vec{b}$，$\vec{c}$ について，次のベクトルを図示せよ。ただし，始点は O とせよ。

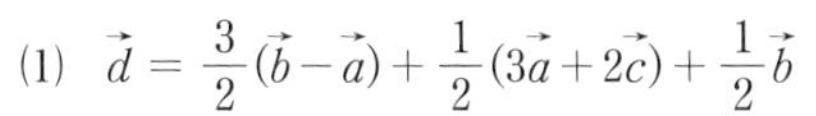

(1) $\vec{d}=\dfrac{3}{2}(\vec{b}-\vec{a})+\dfrac{1}{2}(3\vec{a}+2\vec{c})+\dfrac{1}{2}\vec{b}$

(2) $\vec{e}=(2\vec{a}-\vec{b})+(\vec{b}-\vec{c})+(\vec{c}-\vec{a})$

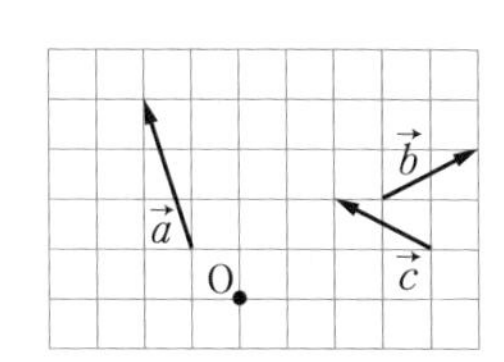

3 ★★☆☆

次の等式を同時に満たす $\vec{x}$，$\vec{y}$，$\vec{z}$ を $\vec{a}$，$\vec{b}$ で表せ。

$\vec{x}+\vec{y}+2\vec{z}=3\vec{a}$，$2\vec{x}-3\vec{y}-2\vec{z}=8\vec{a}+4\vec{b}$，$-\vec{x}+2\vec{y}+6\vec{z}=-2\vec{a}-9\vec{b}$

4 ★★★☆

右の図の正六角形 ABCDEF において，辺 BC，DE の中点をそれぞれ点 P，Q とし，$\overrightarrow{AB}=\vec{a}$，$\overrightarrow{AF}=\vec{b}$ とするとき，次のベクトルを $\vec{a}$，$\vec{b}$ で表せ。

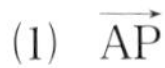

(1) $\overrightarrow{AP}$　　(2) $\overrightarrow{AQ}$　　(3) $\overrightarrow{PQ}$

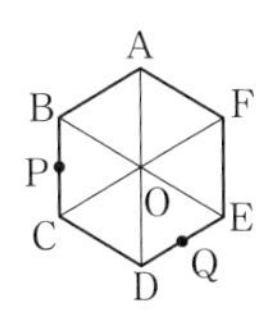

5 ★★★☆

1 辺の長さが 1 の正五角形 ABCDE において，$\overrightarrow{AB}=\vec{a}$，$\overrightarrow{AE}=\vec{b}$ とする。対角線 AC と BE の交点を F とおくとき，$\overrightarrow{AF}$ を $\vec{a}$，$\vec{b}$ で表せ。

まとめ2　平面上のベクトルの成分と内積

1　ベクトルの成分

(1)　座標とベクトル

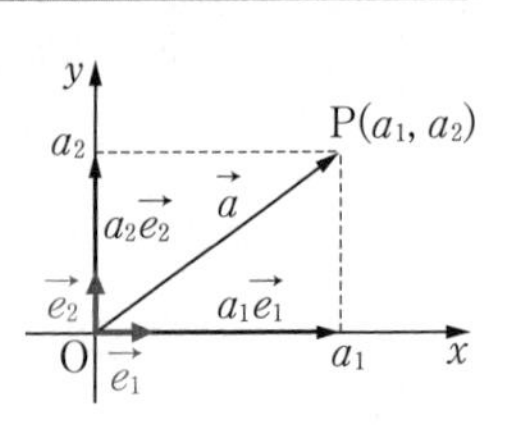

(ア)　基本ベクトル

x 軸の正の向きと同じ向きの単位ベクトルおよび y 軸の正の向きと同じ向きの単位ベクトルを **基本ベクトル** といい，それぞれ $\vec{e_1}$，$\vec{e_2}$ で表す。

(イ)　基本ベクトル表示と成分表示

$\vec{a} = a_1\vec{e_1} + a_2\vec{e_2}$　…　**基本ベクトル表示**

$\vec{a} = (a_1,\ a_2)$　　…　**成分表示**（a_1 を **x 成分**，a_2 を **y 成分** という。）

(ウ)　成分とベクトルの相等

2つのベクトル $\vec{a} = (a_1,\ a_2)$，$\vec{b} = (b_1,\ b_2)$ に対して

$$\vec{a} = \vec{b} \iff a_1 = b_1,\ a_2 = b_2$$

(エ)　成分表示されたベクトルの大きさ

$\vec{a} = (a_1,\ a_2)$ のとき　　$|\vec{a}| = \sqrt{a_1{}^2 + a_2{}^2}$

(2)　成分による演算

(ア)　$(a_1,\ a_2) + (b_1,\ b_2) = (a_1 + b_1,\ a_2 + b_2)$

(イ)　$(a_1,\ a_2) - (b_1,\ b_2) = (a_1 - b_1,\ a_2 - b_2)$

(ウ)　$k(a_1,\ a_2) = (ka_1,\ ka_2)$　（k は実数）

(3)　座標と成分表示

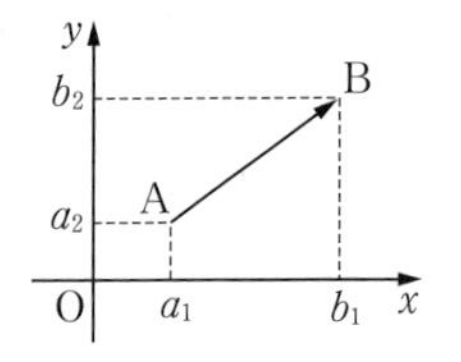

A(a_1, a_2)，B(b_1, b_2) のとき

$$\overrightarrow{\mathrm{AB}} = (b_1 - a_1,\ b_2 - a_2)$$

$$|\overrightarrow{\mathrm{AB}}| = \sqrt{(b_1 - a_1)^2 + (b_2 - a_2)^2}$$

(4)　ベクトルの平行

$\vec{0}$ でない2つのベクトル $\vec{a} = (a_1,\ a_2)$，$\vec{b} = (b_1,\ b_2)$ について

$\vec{a} \parallel \vec{b} \iff (b_1,\ b_2) = k(a_1,\ a_2)$ **となる実数 k が存在する**

例　①　A(5, 1)，B(2, 3) のとき，$\vec{a} = \overrightarrow{\mathrm{OA}}$，$\vec{b} = \overrightarrow{\mathrm{OB}}$ とすると

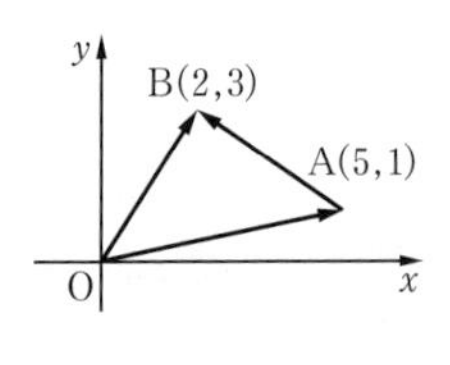

(1)　$\vec{a} = (5,\ 1)$，$\vec{b} = (2,\ 3)$ であり，

$\vec{c} = 2\vec{a} - 3\vec{b}$ とすると

$\vec{c} = 2(5,\ 1) - 3(2,\ 3) = (10,\ 2) - (6,\ 9) = (4,\ -7)$

(2)　$\overrightarrow{\mathrm{AB}} = (2-5,\ 3-1) = (-3,\ 2)$ であるから

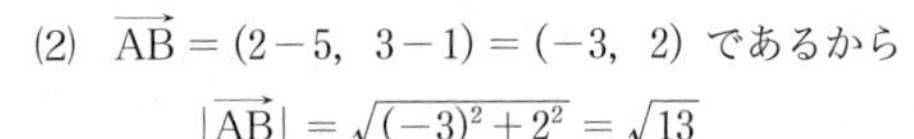

$|\overrightarrow{\mathrm{AB}}| = \sqrt{(-3)^2 + 2^2} = \sqrt{13}$

②　$\vec{a} = (2,\ -1)$，$\vec{b} = (6,\ -3)$ について

$\vec{b} = 3(2,\ -1) = 3\vec{a}$ となるから，$\vec{a} \parallel \vec{b}$ である。

2 ベクトルの内積

(1) 内積の定義

$\vec{0}$ でない2つのベクトル $\vec{a}$ と $\vec{b}$ のなす角を θ
($0^\circ \leqq \theta \leqq 180^\circ$) とするとき

$$\vec{a}\cdot\vec{b}=|\vec{a}||\vec{b}|\cos\theta$$

を $\vec{a}$ と $\vec{b}$ の **内積** という。
($\vec{a}=\vec{0}$ または $\vec{b}=\vec{0}$ のときは $\vec{a}\cdot\vec{b}=0$ と定める)

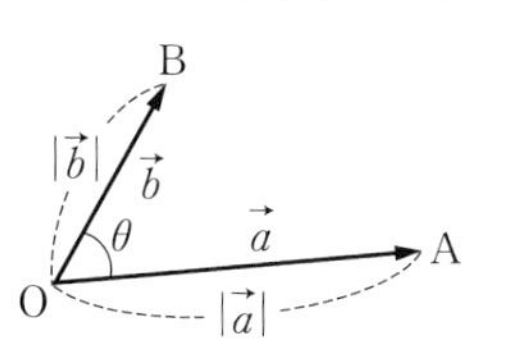

❗ なす角は2つのベクトルの始点を合わせて考える。

(2) ベクトルの垂直

$\vec{a}\neq\vec{0}$, $\vec{b}\neq\vec{0}$ のとき　$\vec{a}\perp\vec{b} \iff \vec{a}\cdot\vec{b}=0$

(3) 内積の基本性質〔1〕

(ア) $\vec{a}\cdot\vec{b}=\vec{b}\cdot\vec{a}$　(イ) $\vec{a}\cdot\vec{a}=|\vec{a}|^2$, $|\vec{a}|=\sqrt{\vec{a}\cdot\vec{a}}$　(ウ) $|\vec{a}\cdot\vec{b}|\leqq|\vec{a}||\vec{b}|$

(4) ベクトルの成分と内積

$\vec{a}=(a_1,\ a_2)$, $\vec{b}=(b_1,\ b_2)$ のとき

(ア) $\vec{a}\cdot\vec{b}=a_1b_1+a_2b_2$

(イ) $\vec{a}\neq\vec{0}$, $\vec{b}\neq\vec{0}$ のとき, $\vec{a}$ と $\vec{b}$ のなす角を θ とすると

$$\cos\theta=\frac{\vec{a}\cdot\vec{b}}{|\vec{a}||\vec{b}|}=\frac{a_1b_1+a_2b_2}{\sqrt{a_1{}^2+a_2{}^2}\sqrt{b_1{}^2+b_2{}^2}}$$

⬅ $\vec{a}\cdot\vec{b}=|\vec{a}||\vec{b}|\cos\theta$ より　$\cos\theta=\dfrac{\vec{a}\cdot\vec{b}}{|\vec{a}||\vec{b}|}$

(5) 内積の基本性質〔2〕

(ア) $(k\vec{a})\cdot\vec{b}=k(\vec{a}\cdot\vec{b})=\vec{a}\cdot(k\vec{b})$　(k は実数)

(イ) $\vec{a}\cdot(\vec{b}+\vec{c})=\vec{a}\cdot\vec{b}+\vec{a}\cdot\vec{c}$　(ウ) $(\vec{a}+\vec{b})\cdot\vec{c}=\vec{a}\cdot\vec{c}+\vec{b}\cdot\vec{c}$

例 ① $\vec{a}$, $\vec{b}$ について, $|\vec{a}|=4$, $|\vec{b}|=3$, $\vec{a}$ と $\vec{b}$ のなす角を θ とする。

(1) $\theta=30^\circ$ のとき

$$\vec{a}\cdot\vec{b}=4\times3\times\cos30^\circ=12\times\frac{\sqrt{3}}{2}=6\sqrt{3}$$

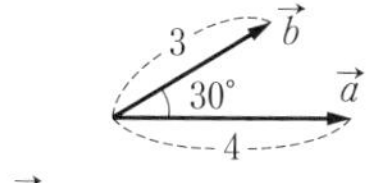

(2) $\theta=135^\circ$ のとき

$$\vec{a}\cdot\vec{b}=4\times3\times\cos135^\circ=12\times\left(-\frac{1}{\sqrt{2}}\right)=-6\sqrt{2}$$

② $\vec{a}=(3,\ 1)$, $\vec{b}=(1,\ 2)$ のとき

(1) $\vec{a}\cdot\vec{b}=3\times1+1\times2=5$

(2) $\vec{a}$ と $\vec{b}$ のなす角を θ ($0^\circ \leqq \theta \leqq 180^\circ$) とすると

$$\cos\theta=\frac{\vec{a}\cdot\vec{b}}{|\vec{a}||\vec{b}|}=\frac{3\times1+1\times2}{\sqrt{3^2+1^2}\sqrt{1^2+2^2}}=\frac{5}{\sqrt{10}\sqrt{5}}=\frac{5}{5\sqrt{2}}=\frac{1}{\sqrt{2}}$$

$0^\circ \leqq \theta \leqq 180^\circ$ であるから　$\theta=45^\circ$

③ $|\vec{a}+\vec{b}|^2=(\vec{a}+\vec{b})\cdot(\vec{a}+\vec{b})$　⬅ 内積の基本性質〔1〕(イ)

$=\vec{a}\cdot\vec{a}+\vec{a}\cdot\vec{b}+\vec{b}\cdot\vec{a}+\vec{b}\cdot\vec{b}$　⬅ 内積の基本性質〔2〕(イ), (ウ)

$=|\vec{a}|^2+2\vec{a}\cdot\vec{b}+|\vec{b}|^2$　⬅ 内積の基本性質〔1〕(ア), (イ)

Quick Check 2

▶▶解答編 p.7

ベクトルの成分

①〔1〕 $\vec{a}=(2,\ 3)$，$\vec{b}=(-1,\ 2)$ のとき，次のベクトルを成分表示し，その大きさを求めよ。

(1) $\vec{a}+\vec{b}$　　(2) $\vec{a}-\vec{b}$

(3) $2\vec{a}$　　(4) $-3\vec{b}$

(5) $3\vec{a}-2\vec{b}$　　(6) $3\vec{a}-3\vec{b}-(\vec{a}-2\vec{b})$

〔2〕 A(3, −1)，B(−1, 2)，C(1, 5) について，次のベクトルを成分表示し，その大きさを求めよ。

(1) $\overrightarrow{AB}$　　(2) $\overrightarrow{BC}$　　(3) $\overrightarrow{CA}$

〔3〕 2つのベクトル $\vec{a}=(2,\ 3)$，$\vec{b}=(x,\ 2x-3)$ が平行となるとき，x の値を求めよ。

ベクトルの内積

②〔1〕 1辺の長さが2の正三角形ABCにおいて，次の内積を求めよ。

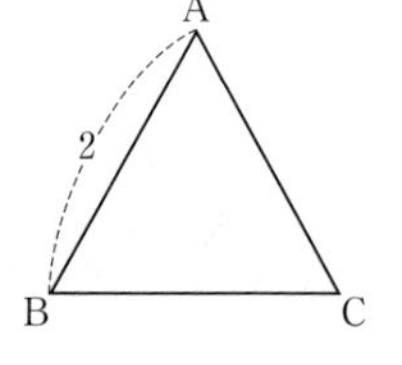

(1) $\overrightarrow{AB}\cdot\overrightarrow{AC}$

(2) $\overrightarrow{AB}\cdot\overrightarrow{BC}$

(3) $\overrightarrow{AC}\cdot\overrightarrow{CB}$

〔2〕 次の2つのベクトル $\vec{a}$，$\vec{b}$ のなす角 θ $(0^\circ \leqq \theta \leqq 180^\circ)$ を求めよ。

(1) $|\vec{a}|=2$，$|\vec{b}|=3$，$\vec{a}\cdot\vec{b}=3$

(2) $\vec{a}=(3,\ -4)$，$\vec{b}=(7,\ -1)$

(3) $\vec{a}=(1,\ -2)$，$\vec{b}=(4,\ 2)$

〔3〕 $|\vec{a}|=2$，$|\vec{b}|=3$，$\vec{a}\cdot\vec{b}=4$ のとき，次の値を求めよ。

(1) $|\vec{a}+\vec{b}|^2$

(2) $|\vec{a}-\vec{b}|^2$

例題 6　ベクトルの成分と大きさ〔1〕

D ★☆☆☆

2つのベクトル $\vec{a}$, $\vec{b}$ が $\vec{a}-\vec{b}=(-4,\ 6)$, $4\vec{a}+\vec{b}=(-1,\ 4)$ を満たすとき

(1) $\vec{a}$, $\vec{b}$ を成分表示せよ。また，その大きさを求めよ。

(2) $\vec{c}=(7,\ -10)$ を $k\vec{a}+l\vec{b}$ の形で表せ。

思考のプロセス

$\vec{a}=(a_1,\ a_2)$, $\vec{b}=(b_1,\ b_2)$のとき

(ア) $k\vec{a}+l\vec{b}=(ka_1+lb_1,\ ka_2+lb_2)$

(イ) $|\vec{a}|=\sqrt{a_1{}^2+a_2{}^2}$

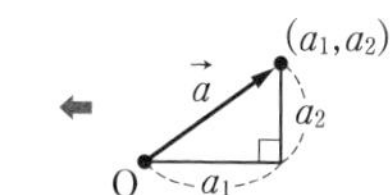

対応を考える

(ウ) $\vec{a}=\vec{b} \iff \begin{cases} a_1=b_1 & \longleftarrow x \text{成分が等しい} \\ a_2=b_2 & \longleftarrow y \text{成分が等しい} \end{cases}$

Action>> 2つのベクトルが等しいときは，x 成分，y 成分がともに等しいとせよ

解 (1) $\vec{a}-\vec{b}=(-4,\ 6)$ …①, $4\vec{a}+\vec{b}=(-1,\ 4)$ …② とおく。

①＋② より　$5\vec{a}=(-5,\ 10)$

よって　$\boldsymbol{\vec{a}=(-1,\ 2)}$

①×4－② より　$-5\vec{b}=(-15,\ 20)$

よって　$\boldsymbol{\vec{b}=(3,\ -4)}$

また　$|\vec{a}|=\sqrt{(-1)^2+2^2}=\boldsymbol{\sqrt{5}}$

$|\vec{b}|=\sqrt{3^2+(-4)^2}=\sqrt{25}=\boldsymbol{5}$

(2) $k\vec{a}+l\vec{b}=k(-1,\ 2)+l(3,\ -4)$

$=(-k+3l,\ 2k-4l)$

これが $\vec{c}=(7,\ -10)$ に等しいから

$\begin{cases} -k+3l=7 & \cdots③ \\ 2k-4l=-10 & \cdots④ \end{cases}$

③, ④ を解くと　$k=-1$, $l=2$

したがって　$\boldsymbol{\vec{c}=-\vec{a}+2\vec{b}}$

> **ReAction** 例題3「ベクトルの加法・減法・実数倍は，文字式と同様に行え」
>
> $\vec{a}=(-1,\ 2)$ を①に代入して $(-1,\ 2)-\vec{b}=(-4,\ 6)$ よって $\vec{b}=(3,\ -4)$ と求めてもよい。
>
> $\vec{a}=(a_1,\ a_2)$ のとき $|\vec{a}|=\sqrt{a_1{}^2+a_2{}^2}$
>
> $(-k+3l,\ 2k-4l)=(7,\ -10)$
>
> ④ より $k-2l=-5$ …④′
> ③＋④′ より　$l=2$

Point....ベクトルの1次結合

$\vec{a}\neq\vec{0}$, $\vec{b}\neq\vec{0}$, $\vec{a} \not\parallel \vec{b}$ のとき，$\vec{a}$ と $\vec{b}$ は**1次独立**であるという。
$\vec{a}$ と $\vec{b}$ が1次独立のとき，平面上の任意のベクトル $\vec{p}$ は $\vec{p}=k\vec{a}+l\vec{b}$ の形に，ただ1通りに表すことができる。ただし，k, l は実数である。
また，$k\vec{a}+l\vec{b}$ の形の式を $\vec{a}$ と $\vec{b}$ の**1次結合**という。

練習 6　2つのベクトル $\vec{a}$, $\vec{b}$ が $\vec{a}-2\vec{b}=(-5,\ -8)$, $2\vec{a}-\vec{b}=(2,\ -1)$ を満たすとき

(1) $\vec{a}$, $\vec{b}$ を成分表示せよ。また，その大きさを求めよ。

(2) $\vec{c}=(6,\ 11)$ を $k\vec{a}+l\vec{b}$ の形で表せ。

➡p.42 問題6

重要
★☆☆☆

例題 7　ベクトルの成分と大きさ〔2〕

平面上に 3 点 A(5, −1), B(8, 0), C(1, 2) がある。

(1) $\overrightarrow{AB}$, $\overrightarrow{AC}$ を成分表示せよ。また，その大きさをそれぞれ求めよ。

(2) $\overrightarrow{AB}$ と平行な単位ベクトルを成分表示せよ。

(3) $\overrightarrow{AC}$ と同じ向きで大きさが 3 のベクトルを成分表示せよ。

思考のプロセス

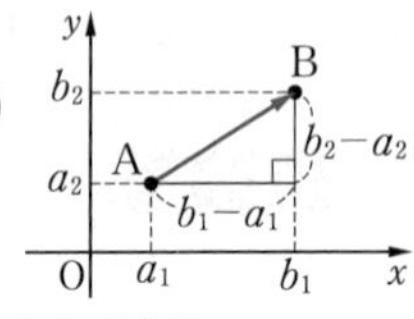

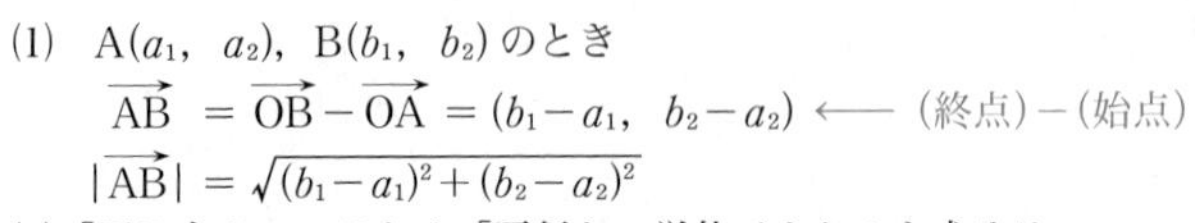

(1) A(a_1, a_2), B(b_1, b_2) のとき

$\overrightarrow{AB} = \overrightarrow{OB} - \overrightarrow{OA} = (b_1-a_1,\ b_2-a_2)$ ←── (終点) − (始点)

$|\overrightarrow{AB}| = \sqrt{(b_1-a_1)^2+(b_2-a_2)^2}$

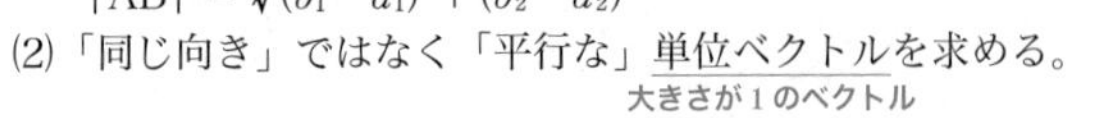

(2)「同じ向き」ではなく「平行な」単位ベクトルを求める。
（単位ベクトル：大きさが 1 のベクトル）

──→「同じ向き」である単位ベクトルの逆ベクトルも求めるベクトルである。

(3) **段階的に考える**

大きさが 5 であるベクトル $\vec{a}$ (図の ①) を
同じ向きで大きさが 3 のベクトルにする。
⟹ 同じ向きの単位ベクトルをつくる。(②)
　 単位ベクトルを 3 倍する。(③)

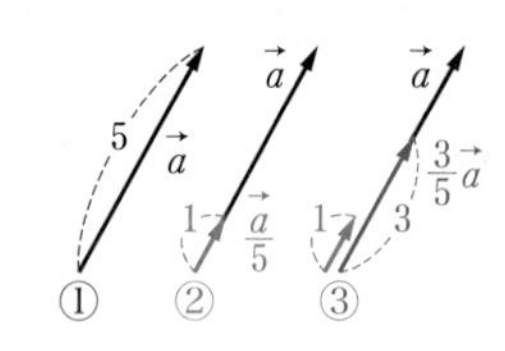

Action>> $\vec{a}$ と同じ向きの単位ベクトルは，$\dfrac{\vec{a}}{|\vec{a}|}$ とせよ

解 (1) $\overrightarrow{AB} = (8-5,\ 0-(-1)) = \mathbf{(3,\ 1)}$

よって　$|\overrightarrow{AB}| = \sqrt{3^2+1^2} = \mathbf{\sqrt{10}}$

同様に　$\overrightarrow{AC} = (1-5,\ 2-(-1)) = \mathbf{(-4,\ 3)}$

よって　$|\overrightarrow{AC}| = \sqrt{(-4)^2+3^2} = \mathbf{5}$

◀ A(a_1, a_2), B(b_1, b_2) のとき $\overrightarrow{AB} = (b_1-a_1,\ b_2-a_2)$

(2) $\overrightarrow{AB}$ と平行な単位ベクトルは

$$\pm\frac{\overrightarrow{AB}}{|\overrightarrow{AB}|} = \pm\frac{\overrightarrow{AB}}{\sqrt{10}} = \pm\frac{\sqrt{10}}{10}\overrightarrow{AB} = \pm\frac{\sqrt{10}}{10}(3,\ 1)$$

すなわち　$\left(\mathbf{\dfrac{3\sqrt{10}}{10}},\ \mathbf{\dfrac{\sqrt{10}}{10}}\right)$, $\left(\mathbf{-\dfrac{3\sqrt{10}}{10}},\ \mathbf{-\dfrac{\sqrt{10}}{10}}\right)$

◀ $\vec{a}$ と平行な単位ベクトルは　$\pm\dfrac{\vec{a}}{|\vec{a}|}$
$\vec{a}$ と同じ向きの単位ベクトルは　$\dfrac{\vec{a}}{|\vec{a}|}$
符号の違いに注意する。

(3) $\overrightarrow{AC}$ と同じ向きの単位ベクトルは $\dfrac{\overrightarrow{AC}}{|\overrightarrow{AC}|}$ であるから，

$\overrightarrow{AC}$ と同じ向きで大きさが 3 のベクトルは

$$3\times\frac{\overrightarrow{AC}}{|\overrightarrow{AC}|} = \frac{3}{5}\overrightarrow{AC} = \frac{3}{5}(-4,\ 3) = \left(\mathbf{-\frac{12}{5}},\ \mathbf{\frac{9}{5}}\right)$$

練習 7　平面上に 3 点 A(1, −2), B(3, 1), C(−1, 2) がある。

(1) $\overrightarrow{AB}$, $\overrightarrow{AC}$ を成分表示せよ。また，その大きさをそれぞれ求めよ。

(2) $\overrightarrow{AB}$ と同じ向きの単位ベクトルを成分表示せよ。

(3) $\overrightarrow{AC}$ と平行で，大きさが 5 のベクトルを成分表示せよ。

➡p.42 問題7

例題 8　ベクトルと平行四辺形

D ★★☆☆

平面上に 3 点 A(−1, 4), B(3, −1), C(6, 7) がある。

(1) 四角形 ABCD が平行四辺形となるとき，点 D の座標を求めよ。

(2) 4 点 A, B, C, D が平行四辺形の 4 つの頂点となるとき，点 D の座標をすべて求めよ。

思考のプロセス

条件の言い換え

(1) (四角形ABCD が平行四辺形)

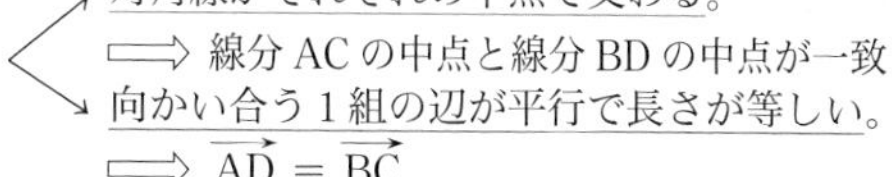

対角線がそれぞれの中点で交わる。
⟹ 線分 AC の中点と線分 BD の中点が一致

向かい合う 1 組の辺が平行で長さが等しい。
⟹ $\overrightarrow{AD}=\overrightarrow{BC}$

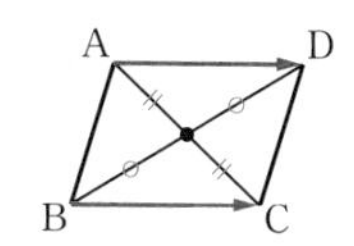

(2) 点 D の位置は □ 通り考えられる。

Action>> 平行四辺形は，向かい合う 1 組のベクトルが等しいとせよ

解 点 D の座標を $(a,\ b)$ とおく。

(1) 四角形 ABCD が平行四辺形となるとき　$\overrightarrow{AD}=\overrightarrow{BC}$

$\overrightarrow{AD}=(a-(-1),\ b-4)=(a+1,\ b-4)$

$\overrightarrow{BC}=(6-3,\ 7-(-1))=(3,\ 8)$

よって　$(a+1,\ b-4)=(3,\ 8)$

成分を比較すると　$\begin{cases} a+1=3 \\ b-4=8 \end{cases}$

ゆえに，$a=2$, $b=12$ より　**D(2, 12)**

◀ $\overrightarrow{AB}=\overrightarrow{DC}$ を用いてもよい。

ミスに注意!
× $\overrightarrow{AD}=\overrightarrow{CB}$
× $\overrightarrow{AB}=\overrightarrow{CD}$
ベクトルの向きに気をつける。

(2) (ア) 四角形 ABCD が平行四辺形となるとき

(1) より　D(2, 12)

(イ) 四角形 ABDC が平行四辺形となるとき　$\overrightarrow{AC}=\overrightarrow{BD}$

$\overrightarrow{AC}=(6-(-1),\ 7-4)=(7,\ 3)$

$\overrightarrow{BD}=(a-3,\ b-(-1))=(a-3,\ b+1)$

よって　$(a-3,\ b+1)=(7,\ 3)$

ゆえに，$a=10$, $b=2$ より　D(10, 2)

(ウ) 四角形 ADBC が平行四辺形となるとき　$\overrightarrow{AD}=\overrightarrow{CB}$

$\overrightarrow{CB}=(3-6,\ -1-7)=(-3,\ -8)$

よって　$(a+1,\ b-4)=(-3,\ -8)$

ゆえに，$a=-4$, $b=-4$ より　D(−4, −4)

(ア)〜(ウ) より，点 D の座標は

(2, 12), (10, 2), (−4, −4)

◀ 4 点 A, B, C, D の順序によって 3 つの場合がある。

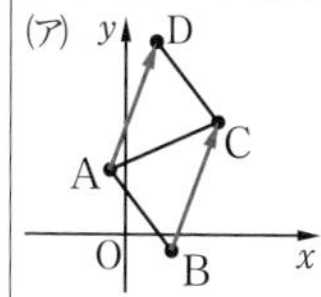

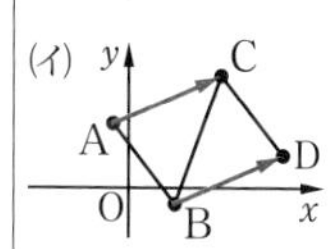

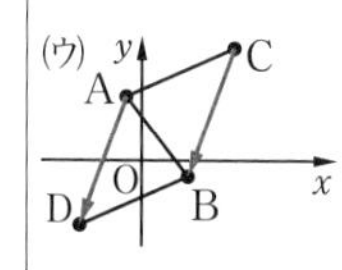

練習 8　平面上に 3 点 A(2, 3), B(5, −6), C(−3, −4) がある。

(1) 四角形 ABCD が平行四辺形となるとき，点 D の座標を求めよ。

(2) 4 点 A, B, C, D が平行四辺形の 4 つの頂点となるとき，点 D の座標をすべて求めよ。

➡p.42 問題8

D 重要 ★★☆☆

例題 9 ベクトルの大きさの最小値，平行条件

3つのベクトル $\vec{a}=(1,\ -3)$，$\vec{b}=(-2,\ 1)$，$\vec{c}=(7,\ -6)$ について

(1) $\vec{a}+t\vec{b}$ の大きさの最小値，およびそのときの実数 t の値を求めよ。

(2) $\vec{a}+t\vec{b}$ と $\vec{c}$ が平行となるとき，実数 t の値を求めよ。

思考のプロセス

(1) $|\vec{a}+t\vec{b}|$ は $\sqrt{\quad}$ を含む式となる。

目標の言い換え

$|\vec{a}+t\vec{b}|$ の最小値 $\Longrightarrow$ $|\vec{a}+t\vec{b}|^2$ の最小値から考える。

⬅ $|\vec{a}+t\vec{b}| \geqq 0$ より $|\vec{a}+t\vec{b}|^2$ が最小のとき，$|\vec{a}+t\vec{b}|$ も最小となる。

(2) **条件の言い換え**

$\vec{0}$ でない2つのベクトル $\vec{a}=(a_1,\ a_2)$，$\vec{b}=(b_1,\ b_2)$ について

$\vec{a} /\!/ \vec{b} \iff \vec{b}=k\vec{a}$ （k は実数）

$\iff b_1=ka_1$ かつ $b_2=ka_2$

$\iff a_1b_2-a_2b_1=0$

どちらを用いてもよい

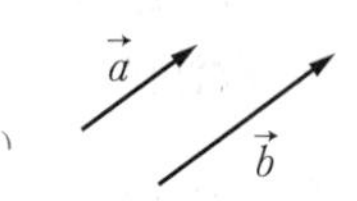

Action>> $\vec{a} /\!/ \vec{b}$ のときは，$\vec{b}=k\vec{a}$（k は実数）とおけ

解 (1) $\vec{a}+t\vec{b}=(1,\ -3)+t(-2,\ 1)$

$=(1-2t,\ -3+t)$ $\cdots$①

よって $|\vec{a}+t\vec{b}|^2=(1-2t)^2+(-3+t)^2$

$=5t^2-10t+10=5(t-1)^2+5$

◀ $|\vec{a}+t\vec{b}|^2$ を t の式で表す。t の2次式となるから，平方完成して最小値を求める。

ゆえに，$|\vec{a}+t\vec{b}|^2$ は $t=1$ のとき最小値5をとる。

このとき，$|\vec{a}+t\vec{b}|$ も最小となり，最小値は $\sqrt{5}$

◀ $|\vec{a}+t\vec{b}| \geqq 0$

したがって **$t=1$ のとき 最小値 $\sqrt{5}$**

(2) $(\vec{a}+t\vec{b}) /\!/ \vec{c}$ のとき，k を実数として，$\vec{a}+t\vec{b}=k\vec{c}$ と表される。

◀ $k(\vec{a}+t\vec{b})=\vec{c}$ と表してもよいが $\begin{cases}(1-2t)k=7\\(-3+t)k=-6\end{cases}$ となり，式が繁雑になってしまう。

① より $(1-2t,\ -3+t)=k(7,\ -6)$

よって $\begin{cases}1-2t=7k\\-3+t=-6k\end{cases}$

これを連立して解くと $k=1$，**$t=-3$**

Point....成分と平行条件

$\vec{a}=(a_1,\ a_2)$，$\vec{b}=(b_1,\ b_2)$ $(\vec{a}\neq\vec{0},\ \vec{b}\neq\vec{0})$ のとき

$\vec{a} /\!/ \vec{b} \iff \vec{b}=k\vec{a}$ （k は実数）$\iff \begin{cases}b_1=ka_1\\b_2=ka_2\end{cases} \iff a_1b_2=a_2b_1$

これを用いると，例題9(2)は

$\vec{a}+t\vec{b}=(1-2t,\ -3+t)$，$\vec{c}=(7,\ -6)$ より，$(\vec{a}+t\vec{b}) /\!/ \vec{c}$ のとき

$(1-2t)(-6)=(-3+t)7$ $5t+15=0$ より $t=-3$

練習 9 3つのベクトル $\vec{a}=(2,\ -4)$，$\vec{b}=(3,\ -1)$，$\vec{c}=(-2,\ 1)$ について

(1) $\vec{a}+t\vec{b}$ の大きさの最小値，およびそのときの実数 t の値を求めよ。

(2) $\vec{a}+t\vec{b}$ と $\vec{c}$ が平行となるとき，実数 t の値を求めよ。

➡p.42 問題9

例題 10 ベクトルの内積

D ★☆☆☆

$AB = 1$, $AD = \sqrt{3}$ の長方形 ABCD において，次の内積を求めよ。

(1) $\overrightarrow{AB}\cdot\overrightarrow{AD}$　(2) $\overrightarrow{AB}\cdot\overrightarrow{AC}$　(3) $\overrightarrow{AD}\cdot\overrightarrow{DB}$

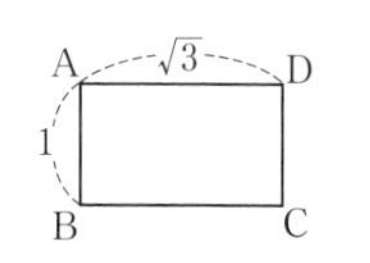

思考のプロセス

〔内積〕 $\vec{a}\cdot\vec{b} = |\vec{a}||\vec{b}|\cos\theta$

$\vec{a}$ と $\vec{b}$ のなす角 θ … $\vec{a}$ と $\vec{b}$ の始点を一致させたときにできる角

$(0^\circ \leqq \theta \leqq 180^\circ)$

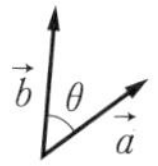

図で考える

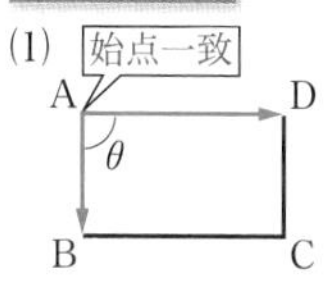

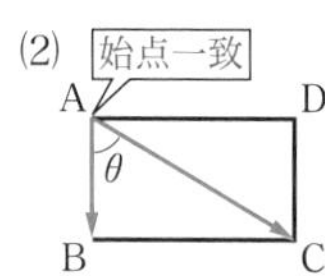

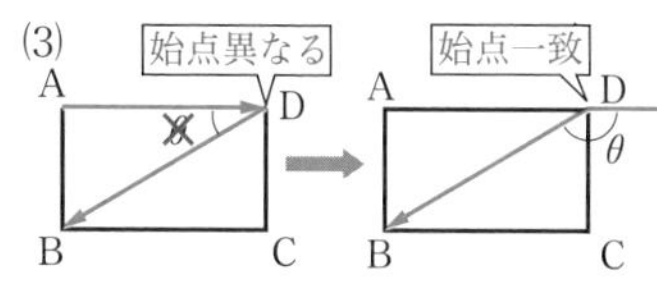

Action>> 内積は，ベクトルの大きさと始点をそろえてなす角を調べよ

解 (1) $|\overrightarrow{AB}| = 1$, $|\overrightarrow{AD}| = \sqrt{3}$, $\overrightarrow{AB}$ と $\overrightarrow{AD}$ のなす角は 90°

よって

$$\overrightarrow{AB}\cdot\overrightarrow{AD} = 1\times\sqrt{3}\times\cos 90^\circ = \mathbf{0}$$

◀ $\cos 90^\circ = 0$

(2) $AB = 1$, $BC = \sqrt{3}$, $\angle B = 90^\circ$ より　$AC = 2$

$\triangle ABC$ は $\angle BCA = 30^\circ$, $\angle CAB = 60^\circ$ の直角三角形であるから，$|\overrightarrow{AB}| = 1$, $|\overrightarrow{AC}| = 2$, $\overrightarrow{AB}$ と $\overrightarrow{AC}$ のなす角は 60°

◀ (図: 直角三角形 ABC, AB = 1, BC = $\sqrt{3}$, AC = 2)

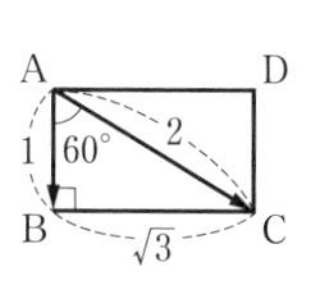

よって

$$\overrightarrow{AB}\cdot\overrightarrow{AC} = 1\times 2\times\cos 60^\circ = \mathbf{1}$$

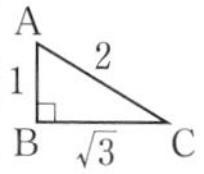

◀ $\cos 60^\circ = \frac{1}{2}$

(3) $\triangle ABD$ は $\angle ABD = 60^\circ$, $\angle BDA = 30^\circ$, $BD = 2$ の直角三角形であるから，

$|\overrightarrow{AD}| = \sqrt{3}$, $|\overrightarrow{DB}| = 2$, $\overrightarrow{AD}$ と $\overrightarrow{DB}$ のなす角は 150°

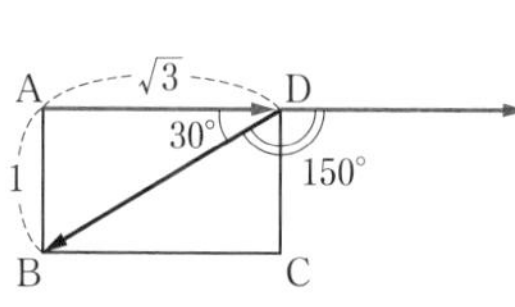

◀ $\overrightarrow{AD}$ を平行移動して $\overrightarrow{DB}$ と始点を一致させてなす角を考える。

よって

$$\overrightarrow{AD}\cdot\overrightarrow{DB} = \sqrt{3}\times 2\times\cos 150^\circ = \mathbf{-3}$$

◀ $\cos 150^\circ = -\frac{\sqrt{3}}{2}$

練習 10　1辺の長さが1の正六角形 ABCDEF において，次の内積を求めよ。

(1) $\overrightarrow{AD}\cdot\overrightarrow{AF}$　(2) $\overrightarrow{AD}\cdot\overrightarrow{BC}$　(3) $\overrightarrow{DA}\cdot\overrightarrow{BE}$

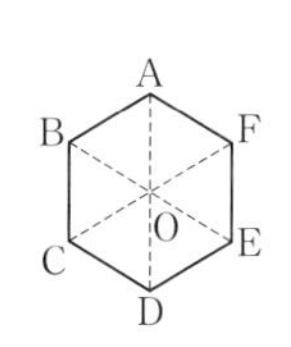

➡ p.42 問題10

例題 11　ベクトルのなす角〔1〕

★☆☆☆

〔1〕 次の2つのベクトル $\vec{a}$, $\vec{b}$ のなす角 θ $(0° \leqq \theta \leqq 180°)$ を求めよ。

(1) $|\vec{a}|=3,\ |\vec{b}|=4,\ \vec{a}\cdot\vec{b}=-6$　　(2) $\vec{a}=(1,\ 2),\ \vec{b}=(-1,\ 3)$

〔2〕 3点 A(1, 2), B(2, 5), C(3, −2) について，∠BAC の大きさを求めよ。

思考のプロセス

〔成分と内積〕 $\vec{a}=(a_1,\ a_2),\ \vec{b}=(b_1,\ b_2)$ のとき　$\boldsymbol{\vec{a}\cdot\vec{b}=a_1b_1+a_2b_2}$

目標の言い換え

〔1〕 $\vec{a}$ と $\vec{b}$ のなす角を θ とすると　$\cos\theta=\dfrac{\vec{a}\cdot\vec{b}}{|\vec{a}||\vec{b}|}$　⬅ $\vec{a}\cdot\vec{b}=|\vec{a}||\vec{b}|\cos\theta$ より

(2) $\vec{a}=(1,\ 2),\ \vec{b}=(-1,\ 3)$ から $|\vec{a}|,\ |\vec{b}|,\ \vec{a}\cdot\vec{b}$ を求める。

〔2〕 ∠BAC の大きさは，$\overrightarrow{\mathrm{AB}}$ と $\overrightarrow{\mathrm{AC}}$ のなす角に等しい。

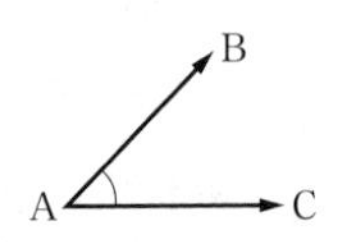

Action>> 2つのベクトルのなす角は，内積の定義を利用せよ

解 〔1〕 (1) $\cos\theta=\dfrac{\vec{a}\cdot\vec{b}}{|\vec{a}||\vec{b}|}=\dfrac{-6}{3\times4}=-\dfrac{1}{2}$

$0° \leqq \theta \leqq 180°$ より　$\boldsymbol{\theta=120°}$

◀ $\vec{a}\cdot\vec{b}=|\vec{a}||\vec{b}|\cos\theta$ より $\cos\theta=\dfrac{\vec{a}\cdot\vec{b}}{|\vec{a}||\vec{b}|}$

(2) $\vec{a}\cdot\vec{b}=1\times(-1)+2\times3=5$

$|\vec{a}|=\sqrt{1^2+2^2}=\sqrt{5},\ |\vec{b}|=\sqrt{(-1)^2+3^2}=\sqrt{10}$ より

$$\cos\theta=\frac{\vec{a}\cdot\vec{b}}{|\vec{a}||\vec{b}|}=\frac{5}{\sqrt{5}\times\sqrt{10}}=\frac{1}{\sqrt{2}}$$

$0° \leqq \theta \leqq 180°$ より　$\boldsymbol{\theta=45°}$

◀ $\vec{a}=(a_1,\ a_2)$, $\vec{b}=(b_1,\ b_2)$ のとき $\vec{a}\cdot\vec{b}=a_1b_1+a_2b_2$ $|\vec{a}|=\sqrt{a_1{}^2+a_2{}^2}$

〔2〕 $\overrightarrow{\mathrm{AB}}=(1,\ 3),\ \overrightarrow{\mathrm{AC}}=(2,\ -4)$

$\overrightarrow{\mathrm{AB}}\cdot\overrightarrow{\mathrm{AC}}=1\times2+3\times(-4)=-10$

$|\overrightarrow{\mathrm{AB}}|=\sqrt{1^2+3^2}=\sqrt{10},\ |\overrightarrow{\mathrm{AC}}|=\sqrt{2^2+(-4)^2}=2\sqrt{5}$

よって

$$\cos\angle\mathrm{BAC}=\frac{\overrightarrow{\mathrm{AB}}\cdot\overrightarrow{\mathrm{AC}}}{|\overrightarrow{\mathrm{AB}}||\overrightarrow{\mathrm{AC}}|}=\frac{-10}{\sqrt{10}\times2\sqrt{5}}=-\frac{1}{\sqrt{2}}$$

$0° \leqq \angle\mathrm{BAC} \leqq 180°$ より　$\boldsymbol{\angle\mathrm{BAC}=135°}$

◀
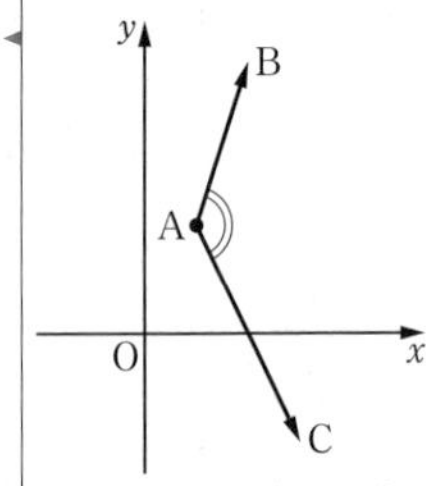

求める角は，$\overrightarrow{\mathrm{AB}}$ と $\overrightarrow{\mathrm{AC}}$ のなす角である。

練習 11 〔1〕 次の2つのベクトル $\vec{a}$, $\vec{b}$ のなす角 θ $(0° \leqq \theta \leqq 180°)$ を求めよ。

(1) $|\vec{a}|=2,\ |\vec{b}|=\sqrt{3},\ \vec{a}\cdot\vec{b}=-3$　　(2) $\vec{a}=(-1,\ 2),\ \vec{b}=(2,\ -4)$

〔2〕 3点 A(2, 3), B(−2, 6), C(1, 10) について，∠BAC の大きさを求めよ。

➡p.42 問題11

例題 12　ベクトルのなす角〔2〕

D ★★☆☆

平面上の 2 つのベクトル $\vec{a}=(1,\ 3)$, $\vec{b}=(x,\ -1)$ について，$\vec{a}$ と $\vec{b}$ のなす角が 135° であるとき，x の値を求めよ。

思考のプロセス

定義に戻る

内積の定義から

$\vec{a}\cdot\vec{b}=|\vec{a}||\vec{b}|\cos 135° \Longrightarrow x$ の方程式

$\vec{a}=(1,\ 3)$, $\vec{b}=(x,\ -1)$ から計算

Action>> 2 つのベクトルのなす角は，内積の定義を利用せよ

解 $\vec{a}=(1,\ 3)$, $\vec{b}=(x,\ -1)$ であるから

$$\vec{a}\cdot\vec{b}=1\times x+3\times(-1)=x-3$$

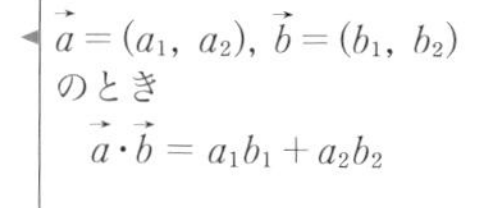

◀ $\vec{a}=(a_1,\ a_2)$, $\vec{b}=(b_1,\ b_2)$ のとき $\vec{a}\cdot\vec{b}=a_1b_1+a_2b_2$

$$|\vec{a}|=\sqrt{1^2+3^2}=\sqrt{10},\quad |\vec{b}|=\sqrt{x^2+1}$$

よって，$\vec{a}$ と $\vec{b}$ のなす角が 135° であるから

$$x-3=\sqrt{10}\times\sqrt{x^2+1}\times\cos 135°$$

◀ $\vec{a}\cdot\vec{b}=|\vec{a}||\vec{b}|\cos\theta$

$$x-3=-\sqrt{5(x^2+1)}\qquad\cdots①$$

◀ $\cos 135°=-\dfrac{1}{\sqrt{2}}$

両辺を 2 乗すると　$(x-3)^2=5(x^2+1)$

整理すると　$2x^2+3x-2=0$

$$(2x-1)(x+2)=0$$

よって　$x=\dfrac{1}{2},\ -2$

これらはともに ① を満たすから　$\boldsymbol{x=\dfrac{1}{2},\ -2}$

◀ ① を 2 乗して求めているから，実際に代入して確かめる。$A=B \Longrightarrow A^2=B^2$ は成り立つが，逆は成り立たない。

〔別解〕

$\overrightarrow{\mathrm{OA}}=(1,\ 3)$, $\overrightarrow{\mathrm{OB}}=(x,\ -1)$ と考えると

$$\overrightarrow{\mathrm{AB}}=\overrightarrow{\mathrm{OB}}-\overrightarrow{\mathrm{OA}}=(x-1,\ -4)$$

△OAB において，余弦定理により

$$|\overrightarrow{\mathrm{AB}}|^2=|\overrightarrow{\mathrm{OA}}|^2+|\overrightarrow{\mathrm{OB}}|^2-2|\overrightarrow{\mathrm{OA}}||\overrightarrow{\mathrm{OB}}|\cos 135°$$

$$(x-1)^2+(-4)^2=\left(\sqrt{10}\right)^2+\left(\sqrt{x^2+1}\right)^2-2\sqrt{10}\times\sqrt{x^2+1}\times\cos 135°$$

◀ $|\overrightarrow{\mathrm{OA}}|$, $|\overrightarrow{\mathrm{OB}}|$, $|\overrightarrow{\mathrm{AB}}|$ が x の式で表され，∠AOB = 135° より，余弦定理の適用を考える。

整理すると　$-x+3=\sqrt{5(x^2+1)}$

これを解くと　$x=\dfrac{1}{2},\ -2$

◀ 本解と同様に解く。

練習 12　平面上の 2 つのベクトル $\vec{a}=(1,\ x)$, $\vec{b}=(4,\ 2)$ について，$\vec{a}$ と $\vec{b}$ のなす角が 45° であるとき，x の値を求めよ。

➡ p.42 問題12

例題 13 ベクトルの垂直条件〔1〕

重要 ★☆☆☆

(1) $\vec{a}=(1,\ x)$, $\vec{b}=(3,\ 2)$ について，$\vec{a}$ と $\vec{b}$ が垂直のとき x の値を求めよ。

(2) $\vec{a}=(3,\ -4)$ に垂直な単位ベクトル $\vec{e}$ を求めよ。

思考のプロセス

条件の言い換え

$\vec{a}$ と $\vec{b}$ が垂直 $\Longrightarrow$ $\vec{a}$ と $\vec{b}$ のなす角が 90°

$\Longrightarrow$ $\vec{a}\cdot\vec{b}=0$

⬅ $\vec{a}\cdot\vec{b}=|\vec{a}||\vec{b}|\cos 90°=0$ （大きさに無関係，$\cos 90°=0$）

(2) **未知のものを文字でおく**

$\vec{e}=(x,\ y)$ とおくと $\begin{cases}\vec{a}\perp\vec{e} \longrightarrow (x \text{ と } y \text{ の式})\\ |\vec{e}|=1 \longrightarrow (x \text{ と } y \text{ の式})\end{cases}$ 連立して，x, y を求める

Action>> $\vec{a}\perp\vec{b}$ のときは，$\vec{a}\cdot\vec{b}=0$ とせよ

解 (1) $\vec{a}\cdot\vec{b}=1\times3+x\times2=2x+3$

$\vec{a}$ と $\vec{b}$ が垂直のとき，$\vec{a}\cdot\vec{b}=0$ であるから

$2x+3=0$ より　　$\boldsymbol{x=-\dfrac{3}{2}}$

◀ $\vec{a}=(a_1,\ a_2)$, $\vec{b}=(b_1,\ b_2)$ のとき $\vec{a}\cdot\vec{b}=a_1b_1+a_2b_2$

(2) $\vec{e}=(x,\ y)$ とおく。

$\vec{a}\perp\vec{e}$ より　　$\vec{a}\cdot\vec{e}=3x-4y=0$　　…①

$|\vec{e}|=1$ より　　$|\vec{e}|^2=x^2+y^2=1$　　…②

◀ $\vec{a}\perp\vec{e}$ より $\vec{a}\cdot\vec{e}=0$

◀ $\vec{e}$ が単位ベクトルより $|\vec{e}|=1$

① より　　$y=\dfrac{3}{4}x$　　…③

② に代入すると，$x^2=\dfrac{16}{25}$ より　　$x=\pm\dfrac{4}{5}$

③ より，$x=\dfrac{4}{5}$ のとき　　$y=\dfrac{3}{5}$

$x=-\dfrac{4}{5}$ のとき　　$y=-\dfrac{3}{5}$

よって　　$\boldsymbol{\vec{e}=\left(\dfrac{4}{5},\ \dfrac{3}{5}\right),\ \left(-\dfrac{4}{5},\ -\dfrac{3}{5}\right)}$

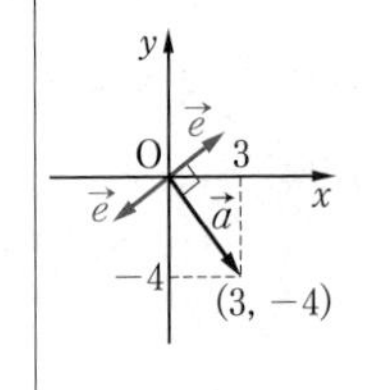

◀ $\vec{e}$ は2つ存在する。

練習 13 (1) $\vec{a}=(2,\ x+1)$, $\vec{b}=(1,\ 1)$ について，$\vec{a}$ と $\vec{b}$ が垂直のとき x の値を求めよ。

(2) $\vec{a}=(-2,\ 3)$ に垂直で，大きさが2のベクトル $\vec{p}$ を求めよ。

➡p.43 問題13

例題 14　ベクトルの大きさと内積　★★☆☆

$\vec{a}$, $\vec{b}$ について，$|\vec{a}|=2$, $|\vec{b}|=3$, $\vec{a}$ と $\vec{b}$ のなす角が $120°$ のとき

(1) $2\vec{a}+\vec{b}$, $\vec{a}-2\vec{b}$ の大きさをそれぞれ求めよ。

(2) $2\vec{a}+\vec{b}$ と $\vec{a}-2\vec{b}$ のなす角を θ $(0° \leqq \theta \leqq 180°)$ とするとき，$\cos\theta$ の値を求めよ。

思考のプロセス

目標の言い換え

(1) $|2\vec{a}+\vec{b}|$ は，このままでは計算が進まない。

⟹ 2乗すると　$|2\vec{a}+\vec{b}|^2 = 4|\vec{a}|^2+4\vec{a}\cdot\vec{b}+|\vec{b}|^2$　⬅ $(2\vec{a}+\vec{b})\cdot(2\vec{a}+\vec{b})$

$\vec{a}\cdot\vec{b} = |\vec{a}||\vec{b}|\cos\theta$

(2) $\cos\theta = \dfrac{(2\vec{a}+\vec{b})\cdot(\vec{a}-2\vec{b})}{|2\vec{a}+\vec{b}||\vec{a}-2\vec{b}|}$ ⟵ 分母・分子の値をそれぞれ求める

Action>> ベクトルの大きさは，2乗して内積を利用せよ

解 (1) $\vec{a}\cdot\vec{b} = |\vec{a}||\vec{b}|\cos120° = 2\times3\times\left(-\dfrac{1}{2}\right) = -3$

◀ まず $\vec{a}$ と $\vec{b}$ の内積を求める。

よって

$$|2\vec{a}+\vec{b}|^2 = 4|\vec{a}|^2+4\vec{a}\cdot\vec{b}+|\vec{b}|^2$$
$$= 4\times2^2+4\times(-3)+3^2 = 13$$

◀ 2乗して展開し，$|\vec{a}|=2$, $|\vec{b}|=3$, $\vec{a}\cdot\vec{b}=-3$ を代入する。

$|2\vec{a}+\vec{b}| \geqq 0$ であるから　$\boldsymbol{|2\vec{a}+\vec{b}| = \sqrt{13}}$

また　$|\vec{a}-2\vec{b}|^2 = |\vec{a}|^2-4\vec{a}\cdot\vec{b}+4|\vec{b}|^2$
$$= 2^2-4\times(-3)+4\times3^2 = 52$$

$|\vec{a}-2\vec{b}| \geqq 0$ であるから　$\boldsymbol{|\vec{a}-2\vec{b}| = 2\sqrt{13}}$

(2) $(2\vec{a}+\vec{b})\cdot(\vec{a}-2\vec{b}) = 2|\vec{a}|^2-3\vec{a}\cdot\vec{b}-2|\vec{b}|^2$
$$= 2\times2^2-3\times(-3)-2\times3^2$$
$$= -1$$

◀ 文字式の計算式 $(2a+b)(a-2b) = 2a^2-3ab-2b^2$ と同じように展開する。

$2\vec{a}+\vec{b}$ と $\vec{a}-2\vec{b}$ のなす角が θ であるから

$$\cos\theta = \frac{(2\vec{a}+\vec{b})\cdot(\vec{a}-2\vec{b})}{|2\vec{a}+\vec{b}||\vec{a}-2\vec{b}|}$$
$$= \frac{-1}{\sqrt{13}\times2\sqrt{13}} = \boldsymbol{-\frac{1}{26}}$$

◀ $\vec{p}$ と $\vec{q}$ のなす角を θ とすると $\cos\theta = \dfrac{\vec{p}\cdot\vec{q}}{|\vec{p}||\vec{q}|}$

練習 14 $\vec{a}$, $\vec{b}$ について，$|\vec{a}|=4$, $|\vec{b}|=\sqrt{3}$, $\vec{a}$ と $\vec{b}$ のなす角が $150°$ のとき

(1) $\vec{a}+\vec{b}$, $\vec{a}+3\vec{b}$, $3\vec{a}+2\vec{b}$ の大きさをそれぞれ求めよ。

(2) $\vec{a}+\vec{b}$ と $\vec{a}+3\vec{b}$ のなす角を α $(0° \leqq \alpha \leqq 180°)$ とするとき，$\cos\alpha$ の値を求めよ。

(3) $\vec{a}+3\vec{b}$ と $3\vec{a}+2\vec{b}$ のなす角 β $(0° \leqq \beta \leqq 180°)$ を求めよ。

➡p.43 問題14

例題 15　ベクトルの垂直条件〔2〕

D ★★☆☆

$\vec{0}$ でない 2 つのベクトル $\vec{a}$, $\vec{b}$ について，$|\vec{b}|=\sqrt{2}\,|\vec{a}|$ が成り立っている。
$2\vec{a}-\vec{b}$ と $4\vec{a}+3\vec{b}$ が垂直であるとき，次の問に答えよ。

(1) $\vec{a}$ と $\vec{b}$ のなす角 θ $(0^\circ \leqq \theta \leqq 180^\circ)$ を求めよ。

(2) $\vec{a}$ と $\vec{a}+t\vec{b}$ が垂直であるとき，t の値を求めよ。

思考のプロセス

《ReAction　$\vec{a}\perp\vec{b}$ のときは，$\vec{a}\cdot\vec{b}=0$ とせよ ◀例題 13

条件の言い換え

$(2\vec{a}-\vec{b})\perp(4\vec{a}+3\vec{b}) \Longrightarrow (2\vec{a}-\vec{b})\cdot(4\vec{a}+3\vec{b})=0$

$\Longrightarrow$ 計算して $|\vec{a}|$, $|\vec{b}|$, $\vec{a}\cdot\vec{b}$ の式をつくる。

(1) $\vec{a}$ と $\vec{b}$ のなす角 θ は，$\cos\theta$ から求める。(例題 11)

(2) $\vec{a}\perp(\vec{a}+t\vec{b}) \Longrightarrow \vec{a}\cdot(\vec{a}+t\vec{b})=0 \Longrightarrow$ 計算して t の方程式をつくる。

解 (1) $(2\vec{a}-\vec{b})\perp(4\vec{a}+3\vec{b})$ であるから

例題 13

$$(2\vec{a}-\vec{b})\cdot(4\vec{a}+3\vec{b})=0$$

$$8|\vec{a}|^2+2\vec{a}\cdot\vec{b}-3|\vec{b}|^2=0 \quad \cdots ①$$

◀ $8\vec{a}\cdot\vec{a}+2\vec{a}\cdot\vec{b}-3\vec{b}\cdot\vec{b}=0$

ここで，$|\vec{b}|=\sqrt{2}\,|\vec{a}|$ より　$|\vec{b}|^2=2|\vec{a}|^2$

① に代入すると

$$8|\vec{a}|^2+2\vec{a}\cdot\vec{b}-6|\vec{a}|^2=0$$

よって　$\vec{a}\cdot\vec{b}=-|\vec{a}|^2 \quad \cdots ②$

ゆえに

例題 11

$$\cos\theta=\frac{\vec{a}\cdot\vec{b}}{|\vec{a}||\vec{b}|}=\frac{-|\vec{a}|^2}{|\vec{a}|\times\sqrt{2}\,|\vec{a}|}=-\frac{1}{\sqrt{2}}$$

◀ ReAction 例題 11
「2 つのベクトルのなす角は，内積の定義を利用せよ」

$0^\circ \leqq \theta \leqq 180^\circ$ より　$\boldsymbol{\theta=135^\circ}$

(2) $\vec{a}$ と $\vec{a}+t\vec{b}$ が垂直であるとき

$$\vec{a}\cdot(\vec{a}+t\vec{b})=0$$

よって　$|\vec{a}|^2+t\vec{a}\cdot\vec{b}=0$

◀ $\vec{a}\cdot\vec{a}=|\vec{a}|^2$

② を代入して　$|\vec{a}|^2-t|\vec{a}|^2=0$

$$(1-t)|\vec{a}|^2=0$$

$|\vec{a}|\neq 0$ であるから　$1-t=0$

◀ $\vec{a}\neq\vec{0}$ より $|\vec{a}|\neq 0$

したがって，求める t の値は　$\boldsymbol{t=1}$

練習 15　$\vec{0}$ でない 2 つのベクトル $\vec{a}$, $\vec{b}$ について，$|\vec{a}|=|\vec{b}|$ が成り立っている。
$3\vec{a}+\vec{b}$ と $\vec{a}-3\vec{b}$ が垂直であるとき，$\vec{a}$ と $\vec{b}$ のなす角 θ $(0^\circ \leqq \theta \leqq 180^\circ)$ を求めよ。

➡p.43 問題15

例題 16 ベクトルの内積と最小値 ★★☆☆

$\vec{a}$, $\vec{b}$ が $|\vec{a}|=\sqrt{3}$, $|\vec{b}|=2$, $\vec{a}\cdot\vec{b}=1$ を満たすとき

(1) $\vec{a}+t\vec{b}$ の大きさの最小値，およびそのときの実数 t の値 t_0 を求めよ。

(2) $(\vec{a}+t_0\vec{b})\perp\vec{b}$ を示せ。

思考のプロセス

例題 9 と同じく，$|\vec{a}+t\vec{b}|$ の最小値を求める問題である。

目標の言い換え

(1) $|\vec{a}+t\vec{b}|$ の最小値 $\Longrightarrow$ $|\vec{a}+t\vec{b}|^2$ の最小値から考える。

«ReAction ベクトルの大きさは，2乗して内積を利用せよ ◀例題 14

例題 9 と違い，$\vec{a}$, $\vec{b}$ は成分で与えられていないから，
内積の計算を利用して，$|\vec{a}|$, $|\vec{b}|$, $\vec{a}\cdot\vec{b}$ で表す。

(2) $(\vec{a}+t_0\vec{b})\perp\vec{b} \Longleftrightarrow (\vec{a}+t_0\vec{b})\cdot\vec{b}=\square$

解 (1) $|\vec{a}|=\sqrt{3}$, $|\vec{b}|=2$, $\vec{a}\cdot\vec{b}=1$ より

$$|\vec{a}+t\vec{b}|^2=|\vec{a}|^2+2t\vec{a}\cdot\vec{b}+t^2|\vec{b}|^2$$
$$=4t^2+2t+3$$
$$=4\left(t+\frac{1}{4}\right)^2+\frac{11}{4}$$

◀ t についての 2 次関数とみて最小値を考える。

よって，$t=-\frac{1}{4}$ のとき $|\vec{a}+t\vec{b}|^2$ は最小値 $\frac{11}{4}$ をとる。

$|\vec{a}+t\vec{b}|>0$ より，このとき $|\vec{a}+t\vec{b}|$ も最小となるから

$t_0=-\frac{1}{4}$ のとき　最小値 $\sqrt{\frac{11}{4}}=\frac{\sqrt{11}}{2}$

(2) $$\left(\vec{a}-\frac{1}{4}\vec{b}\right)\cdot\vec{b}=\vec{a}\cdot\vec{b}-\frac{1}{4}|\vec{b}|^2$$
$$=1-\frac{1}{4}\cdot 4=0$$

◀ $\vec{a}\neq\vec{0}$, $\vec{b}\neq\vec{0}$ のとき $\vec{a}\perp\vec{b}\Longleftrightarrow\vec{a}\cdot\vec{b}=0$

$\vec{a}+t_0\vec{b}\neq\vec{0}$, $\vec{b}\neq\vec{0}$ より　$(\vec{a}+t_0\vec{b})\perp\vec{b}$

練習 16 $\vec{a}$, $\vec{b}$ が $|\vec{a}|=4$, $|\vec{b}|=\sqrt{3}$, $\vec{a}\cdot\vec{b}=-6$ を満たすとき

(1) $\vec{a}+t\vec{b}$ の大きさの最小値，およびそのときの実数 t の値 t_0 を求めよ。

(2) $(\vec{a}+t_0\vec{b})\perp\vec{b}$ を示せ。

➡p.43 問題16

例題 17 内積と三角形の面積〔1〕 ★★☆☆

△OAB において，$\overrightarrow{OA}=\vec{a}$，$\overrightarrow{OB}=\vec{b}$ とおくと，$|\vec{a}|=3$，$|\vec{b}|=2$，$|\vec{a}-2\vec{b}|=4$ である。$\angle AOB=\theta$ とするとき，次の値を求めよ。

(1) $\vec{a}\cdot\vec{b}$　　(2) $\cos\theta$　　(3) △OAB の面積 S

思考のプロセス

(1) $|\vec{a}|=3$，$|\vec{b}|=2$，$|\vec{a}-2\vec{b}|=4$ から $\vec{a}\cdot\vec{b}$ を求める。

«ReAction ベクトルの大きさは，2乗して内積を利用せよ ◀例題 14

$|\vec{a}-2\vec{b}|^2=4^2 \Longrightarrow |\vec{a}|^2-4\underline{\vec{a}\cdot\vec{b}}+4|\vec{b}|^2=16$
求めるもの

(3) **前問の結果の利用**

$\triangle OAB=\frac{1}{2}\underset{|\vec{a}|}{\underline{OA}}\cdot\underset{|\vec{b}|}{\underline{OB}}\cdot\underline{\sin\theta}$ ← $\cos\theta$ から求める

解 (1) $|\vec{a}-2\vec{b}|=4$ の両辺を 2 乗すると

$$|\vec{a}-2\vec{b}|^2=4^2$$

$$|\vec{a}|^2-4\vec{a}\cdot\vec{b}+4|\vec{b}|^2=16$$

$|\vec{a}|=3$，$|\vec{b}|=2$ を代入すると

$$9-4\vec{a}\cdot\vec{b}+16=16$$

よって　$\boldsymbol{\vec{a}\cdot\vec{b}=\frac{9}{4}}$

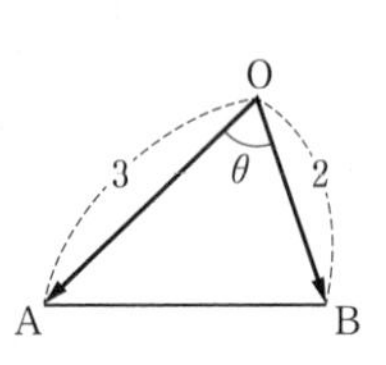

◀ $|\vec{a}-2\vec{b}|$ を 2 乗して，$\vec{a}\cdot\vec{b}$ をつくり出す。

◀ $|\vec{a}-2\vec{b}|^2$
$=(\vec{a}-2\vec{b})\cdot(\vec{a}-2\vec{b})$
$=\vec{a}\cdot\vec{a}-4\vec{a}\cdot\vec{b}+4\vec{b}\cdot\vec{b}$
$=|\vec{a}|^2-4\vec{a}\cdot\vec{b}+4|\vec{b}|^2$

(2) $\cos\theta=\dfrac{\vec{a}\cdot\vec{b}}{|\vec{a}||\vec{b}|}=\dfrac{\frac{9}{4}}{3\times2}=\boldsymbol{\dfrac{3}{8}}$

(3) $0^\circ<\theta<180^\circ$ より，$\sin\theta>0$ であるから

$$\sin\theta=\sqrt{1-\cos^2\theta}$$

$$=\sqrt{1-\left(\frac{3}{8}\right)^2}=\frac{\sqrt{55}}{8}$$

したがって

$$S=\frac{1}{2}|\vec{a}||\vec{b}|\sin\theta$$

$$=\frac{1}{2}\times3\times2\times\frac{\sqrt{55}}{8}=\boldsymbol{\frac{3\sqrt{55}}{8}}$$

◀ △OAB の面積 S は $S=\frac{1}{2}OA\cdot OB\sin\theta$ で求められるから，まず，$\sin\theta$ を求める。

練習 17 △OAB において，$\overrightarrow{OA}=\vec{a}$，$\overrightarrow{OB}=\vec{b}$ とおくと，$|\vec{a}|=4$，$|\vec{b}|=5$，$|\vec{a}+\vec{b}|=5$ である。$\angle AOB=\theta$ とするとき，次の値を求めよ。

(1) $\vec{a}\cdot\vec{b}$　　(2) $\cos\theta$　　(3) △OAB の面積 S

➡p.43 問題17

例題 18 内積と三角形の面積〔2〕 ★★★☆

(1) $\triangle ABC = \dfrac{1}{2}\sqrt{|\overrightarrow{AB}|^2|\overrightarrow{AC}|^2 - (\overrightarrow{AB}\cdot\overrightarrow{AC})^2}$ であることを示せ。

(2) $\overrightarrow{AB} = (x_1,\ y_1)$, $\overrightarrow{AC} = (x_2,\ y_2)$ のとき，△ABC の面積を x_1, y_1, x_2, y_2 を用いて表せ。

思考のプロセス

(1) **既知の問題に帰着**

例題 17 で，三角形の面積を求めた流れと同様に考える。

(2) **前問の結果の利用**

$|\overrightarrow{AB}|^2$, $|\overrightarrow{AC}|^2$, $\overrightarrow{AB}\cdot\overrightarrow{AC}$ をそれぞれ x_1, x_2, y_1, y_2 で表して，代入する。

Action>> 三角形の面積は，$S = \dfrac{1}{2}|\overrightarrow{AB}||\overrightarrow{AC}|\sin\theta$ を利用せよ

解 (1) $\cos A = \dfrac{\overrightarrow{AB}\cdot\overrightarrow{AC}}{|\overrightarrow{AB}||\overrightarrow{AC}|}$ であり，

$0° < A < 180°$ より，$\sin A > 0$ であるから

$$\sin A = \sqrt{1-\cos^2 A} = \sqrt{1 - \frac{(\overrightarrow{AB}\cdot\overrightarrow{AC})^2}{|\overrightarrow{AB}|^2|\overrightarrow{AC}|^2}}$$

$$= \frac{\sqrt{|\overrightarrow{AB}|^2|\overrightarrow{AC}|^2 - (\overrightarrow{AB}\cdot\overrightarrow{AC})^2}}{|\overrightarrow{AB}||\overrightarrow{AC}|}$$

したがって

$$\triangle ABC = \frac{1}{2}|\overrightarrow{AB}||\overrightarrow{AC}|\sin A$$

$$= \frac{1}{2}|\overrightarrow{AB}||\overrightarrow{AC}|\frac{\sqrt{|\overrightarrow{AB}|^2|\overrightarrow{AC}|^2 - (\overrightarrow{AB}\cdot\overrightarrow{AC})^2}}{|\overrightarrow{AB}||\overrightarrow{AC}|}$$

$$= \frac{1}{2}\sqrt{|\overrightarrow{AB}|^2|\overrightarrow{AC}|^2 - (\overrightarrow{AB}\cdot\overrightarrow{AC})^2}$$

(2) $|\overrightarrow{AB}|^2 = x_1{}^2 + y_1{}^2$ …①, $|\overrightarrow{AC}|^2 = x_2{}^2 + y_2{}^2$ …②

$\overrightarrow{AB}\cdot\overrightarrow{AC} = x_1x_2 + y_1y_2$ …③

(1) の公式に ①, ②, ③ を代入すると

$$\triangle ABC = \frac{1}{2}\sqrt{(x_1{}^2+y_1{}^2)(x_2{}^2+y_2{}^2) - (x_1x_2+y_1y_2)^2}$$

$$= \frac{1}{2}\sqrt{x_1{}^2y_2{}^2 - 2x_1x_2y_1y_2 + x_2{}^2y_1{}^2}$$

$$= \frac{1}{2}\sqrt{(x_1y_2 - x_2y_1)^2} = \boldsymbol{\frac{1}{2}|x_1y_2 - x_2y_1|}$$

(側注)

A, B, C, $|\overrightarrow{AB}|$, $|\overrightarrow{AC}|$

◀三角比の符号に注意する。

◀$\sin^2 A + \cos^2 A = 1$

◀△ABC の面積は，$\overrightarrow{AB}$, $\overrightarrow{AC}$ の大きさと内積で表すことができる。

◀$|\overrightarrow{AB}|^2$, $|\overrightarrow{AC}|^2$, $\overrightarrow{AB}\cdot\overrightarrow{AC}$ を，$\overrightarrow{AB}$, $\overrightarrow{AC}$ の成分 x_1, y_1, x_2, y_2 を用いて表す。

◀$\sqrt{A^2} = |A|$

練習 18 △ABC の面積を S とするとき，例題 18 の結果を用いて，次の問に答えよ。

(1) $|\overrightarrow{AB}| = 2$, $|\overrightarrow{AC}| = 3$, $\overrightarrow{AB}\cdot\overrightarrow{AC} = 2$ であるとき，S の値を求めよ。

(2) 3 点 A(0, 0), B(1, 4), C(2, 3) とするとき，S の値を求めよ。

➡p.43 問題18

平面上のベクトルの成分と内積

▶▶解答編 p.14

6 ★★☆☆

3つの単位ベクトル $\vec{a}$, $\vec{b}$, $\vec{c}$ が $\vec{a}+\vec{b}+\vec{c}=\vec{0}$ を満たしている。$\vec{a}=(1,\ 0)$ のとき，$\vec{b}$, $\vec{c}$ を成分表示せよ。

7 ★★☆☆

平面上に2点 $\mathrm{A}(x+1,\ 3-x)$, $\mathrm{B}(1-2x,\ 4)$ がある。$\overrightarrow{\mathrm{AB}}$ の大きさが13となるとき，$\overrightarrow{\mathrm{AB}}$ と平行な単位ベクトルを成分表示せよ。

8 ★★★☆

平面上の4点 $\mathrm{A}(1,\ 2)$, $\mathrm{B}(-2,\ 7)$, $\mathrm{C}(p,\ q)$, $\mathrm{D}(r,\ r+3)$ について，四角形ABCDがひし形となるとき，定数 p, q, r の値を求めよ。

9 ★★☆☆

3つのベクトル $\vec{a}=(x,\ 2)$, $\vec{b}=(3,\ 1)$, $\vec{c}=(2,\ 3)$ について

(1) $2\vec{a}+\vec{b}$ の大きさが最小となるとき，実数 x の値を求めよ。

(2) $2\vec{a}+\vec{b}$ と $\vec{c}$ が平行となるとき，実数 x の値を求めよ。

10 ★★☆☆

右の図において，次の内積を求めよ。

(1) $\overrightarrow{\mathrm{AB}}\cdot\overrightarrow{\mathrm{AC}}$　(2) $\overrightarrow{\mathrm{AD}}\cdot\overrightarrow{\mathrm{CB}}$　(3) $\overrightarrow{\mathrm{DA}}\cdot\overrightarrow{\mathrm{AC}}$

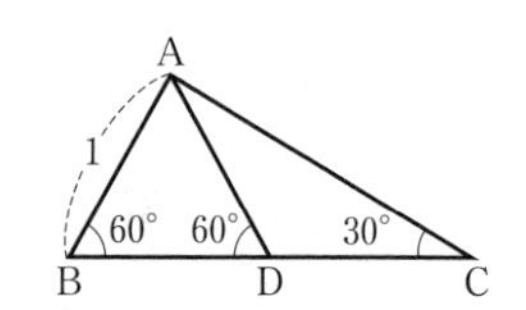

11 ★★☆☆

3点 $\mathrm{A}(3,\ 1)$, $\mathrm{B}(4,\ -2)$, $\mathrm{C}(5,\ 3)$ に対して，次のものを求めよ。

(1) 内積 $\overrightarrow{\mathrm{AB}}\cdot\overrightarrow{\mathrm{AC}}$　(2) $\cos\angle\mathrm{BAC}$　(3) $\triangle\mathrm{ABC}$ の面積 S

12 ★★☆☆

平面上のベクトル $\vec{a}=(7,\ -1)$ とのなす角が $45°$ で大きさが5であるようなベクトル $\vec{b}$ を求めよ。

13 ★★★☆

2つのベクトル $\vec{a}=(t+2,\ t^2-k)$, $\vec{b}=(t^2,\ -t-1)$ がどのような実数 t に対しても垂直にならないような，実数 k の値の範囲を求めよ。　（芝浦工業大）

14 ★★★☆

$|\vec{a}+\vec{b}|=\sqrt{19}$, $|\vec{a}-\vec{b}|=7$, $|\vec{a}|<|\vec{b}|$, $\vec{a}$ と $\vec{b}$ のなす角が $120°$ のとき

(1) 内積 $\vec{a}\cdot\vec{b}$ を求めよ。　(2) $\vec{a}$, $\vec{b}$ の大きさをそれぞれ求めよ。

(3) $\vec{a}+\vec{b}$ と $\vec{a}-\vec{b}$ のなす角を θ $(0° \leqq \theta \leqq 180°)$ とするとき，$\cos\theta$ の値を求めよ。

15 ★★☆☆

$|\vec{x}-\vec{y}|=1$, $|\vec{x}-2\vec{y}|=2$ で $\vec{x}+\vec{y}$ と $6\vec{x}-7\vec{y}$ が垂直であるとき，$\vec{x}$ と $\vec{y}$ の大きさ，および $\vec{x}$ と $\vec{y}$ のなす角 θ $(0° \leqq \theta \leqq 180°)$ を求めよ。

16 ★★★☆

$\vec{0}$ でないベクトル $\vec{a}$, $\vec{b}$ が，$|\vec{a}-\vec{b}|=2|\vec{a}|$, $|\vec{a}+\vec{b}|=2\sqrt{2}\,|\vec{a}|$ を満たすとき，$\vec{a}+t\vec{b}$ と $t\vec{a}+\vec{b}$ が直交するような実数 t の値を求めよ。

17 ★★☆☆

$\triangle$OAB において，$\overrightarrow{OA}=\vec{a}$, $\overrightarrow{OB}=\vec{b}$ とおくと，$\vec{a}\cdot\vec{b}=3$, $|\vec{a}-\vec{b}|=1$, $(\vec{a}-\vec{b})\cdot(\vec{a}+2\vec{b})=-2$ である。

(1) $|\vec{a}|$, $|\vec{b}|$ を求めよ。　(2) $\triangle$OAB の面積を求めよ。

18 ★★☆☆

3点 A$(-1,\ -2)$, B$(3,\ 0)$, C$(1,\ 1)$ に対して，$\triangle$ABC の面積を求めよ。

定期テスト攻略 ▶ 1・2

▶▶解答編 p.20

1 右の図において，次の条件を満たすベクトルを選べ。

(1) 同じ向きのベクトル

(2) 大きさの等しいベクトル

(3) 等しいベクトル

(4) 互いに逆ベクトル

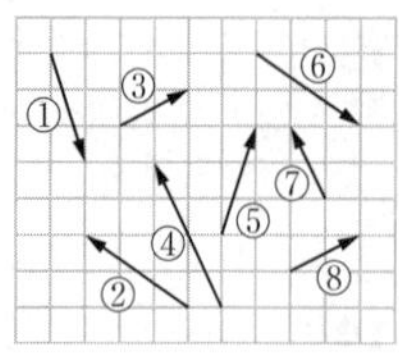

◀例題1

2 右の図の正六角形 ABCDEF において，O を中心，$\overrightarrow{\mathrm{OA}}=\vec{a}$，$\overrightarrow{\mathrm{OB}}=\vec{b}$ とする。次のベクトルを $\vec{a}$，$\vec{b}$ を用いて表せ。

(1) $\overrightarrow{\mathrm{AB}}$　(2) $\overrightarrow{\mathrm{AD}}$　(3) $\overrightarrow{\mathrm{CF}}$

(4) $\overrightarrow{\mathrm{BD}}$　(5) $\overrightarrow{\mathrm{CE}}$　(6) $\overrightarrow{\mathrm{DF}}$

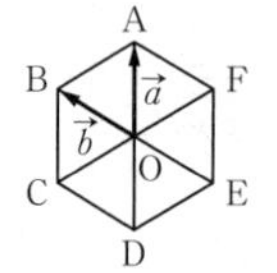

◀例題4

3 $\vec{a}=(1,\ -2)$，$\vec{b}=(3,\ 1)$ とする。次の等式を満たす $\vec{x}$ の成分表示を求めよ。

(1) $\vec{a}=\vec{x}+\vec{b}$　(2) $2\vec{b}=\vec{a}-3\vec{x}$　(3) $\frac{1}{3}(\vec{a}-\vec{x})=\frac{1}{2}(\vec{x}-\vec{b})$

◀例題3, 6

4 3 点 A(3, 3)，B(5, −1)，C(6, 2) があるとき

(1) $\overrightarrow{\mathrm{OC}}$ を $m\overrightarrow{\mathrm{OA}}+n\overrightarrow{\mathrm{OB}}$ の形で表せ。

(2) 四角形 ABCD が平行四辺形となるような点 D の座標を求めよ。

◀例題6, 8

5 次のベクトル $\vec{a}$，$\vec{b}$ のなす角 θ を求めよ。

(1) $\vec{a}=(2,\ 6)$，$\vec{b}=(-1,\ 2)$　(2) $\vec{a}=(3,\ 4)$，$\vec{b}=(-8,\ 6)$

◀例題11

6 $\vec{a}=(1,\ x)$, $\vec{b}=(x,\ 2-x)$ のとき

(1) $\vec{a}$ と $\vec{b}$ が平行になるような実数 x の値を求めよ。

(2) $\vec{a}$ と $\vec{b}$ が垂直になるような実数 x の値を求めよ。

◀例題9, 13

7 $\vec{a}=(3,\ -2)$, $\vec{b}=(1,\ -4)$, $\vec{c}=(1,\ 2)$ のとき $\vec{p}=\vec{a}+t\vec{b}$ とする。ただし，t は実数とする。

(1) $\vec{p}$ と $\vec{c}$ が平行になるような t の値を求めよ。

(2) $\vec{p}$ と $\vec{c}$ が垂直になるような t の値を求めよ。

(3) $|\vec{a}+t\vec{b}|$ が最小となるような t の値を求めよ。

◀例題9, 13

8 $|\vec{a}|=3$, $|\vec{b}|=2$ で，$\vec{a}$ と $\vec{b}$ のなす角が $120°$ のとき，

(1) $|\vec{a}+2\vec{b}|$ の値を求めよ。

(2) $|\vec{a}+t\vec{b}|$ の最小値とそのときの実数 t の値を求めよ。

◀例題14, 16

9 △OAB において，$\overrightarrow{OA}=\vec{a}$, $\overrightarrow{OB}=\vec{b}$ とする。$|\vec{a}|=4$, $|\vec{b}|=3$, $|\vec{a}-\vec{b}|=3$ のとき

(1) 内積 $\vec{a}\cdot\vec{b}$ の値を求めよ。　　(2) $\cos\angle AOB$ の値を求めよ。

(3) △OAB の面積を求めよ。

◀例題17

まとめ 3　平面上の位置ベクトル

1　位置ベクトル

(1)　位置ベクトル

平面上に定点 O をとると，この平面上の点 P の位置は，
$\overrightarrow{\mathrm{OP}}=\vec{p}$ によって定まる。このとき，$\vec{p}$ を O を基準とする点 P の **位置ベクトル** という。

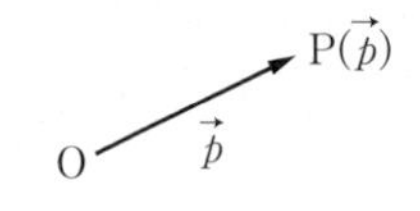

点 P の位置ベクトルが $\vec{p}$ であることを **P($\vec{p}$)** と表す。

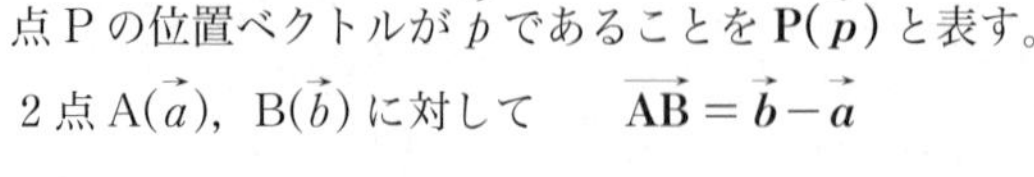

2 点 A($\vec{a}$)，B($\vec{b}$) に対して　　$\boldsymbol{\overrightarrow{\mathrm{AB}}=\vec{b}-\vec{a}}$

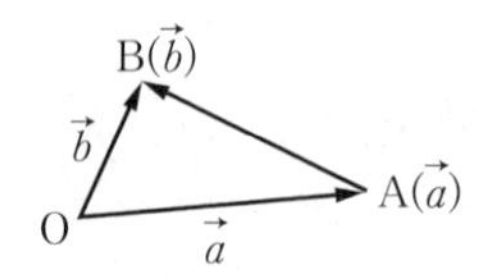

(2)　分点の位置ベクトル

2 点 A($\vec{a}$)，B($\vec{b}$) について，
線分 AB を $m:n$ に内分する点 P の位置ベクトル $\vec{p}$ は

$$\boldsymbol{\vec{p}=\frac{n\vec{a}+m\vec{b}}{m+n}}$$

特に，線分 AB の中点 M の位置ベクトル $\vec{m}$ は

$$\boldsymbol{\vec{m}=\frac{\vec{a}+\vec{b}}{2}}$$

❗　$m:n$ に外分する点のときは，$m:(-n)$ に内分すると考える。

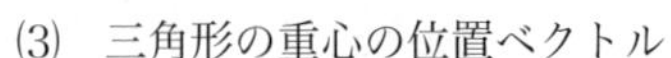

(3)　三角形の重心の位置ベクトル

△ABC の頂点を A($\vec{a}$)，B($\vec{b}$)，C($\vec{c}$) とするとき，
△ABC の重心を G($\vec{g}$) とすると

$$\boldsymbol{\vec{g}=\frac{\vec{a}+\vec{b}+\vec{c}}{3}}$$

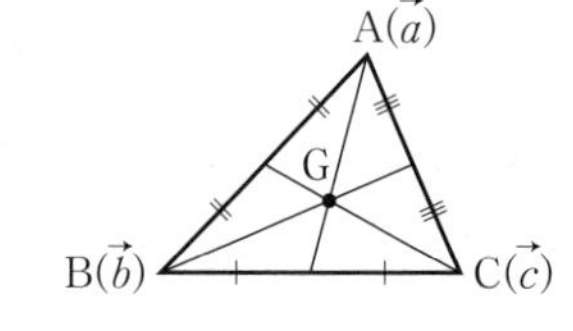

(4)　3 点が一直線上にあるための条件

2 点 A，B が異なるとき

3 点 A，B，C が一直線上にある

$\Longleftrightarrow$　$\overrightarrow{\mathrm{AC}}=k\overrightarrow{\mathrm{AB}}$ となる実数 k が存在する

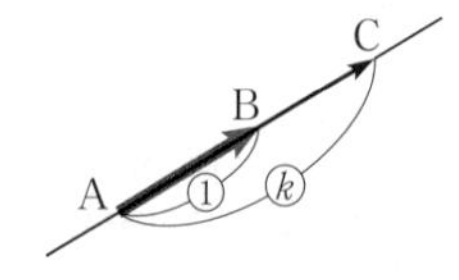

例　平面上の 2 点 A($\vec{a}$)，B($\vec{b}$) について，
線分 AB を 2:1 に内分する点を P($\vec{p}$) とすると

$$\vec{p}=\frac{\vec{a}+2\vec{b}}{2+1}=\frac{\vec{a}+2\vec{b}}{3}$$

また，線分 AB を 2:1 に外分する点を Q($\vec{q}$) とすると，2:(−1) に内分すると考えて

$$\vec{q}=\frac{(-1)\vec{a}+2\vec{b}}{2+(-1)}=-\vec{a}+2\vec{b}$$

2 ベクトル方程式

(1) 直線の方向ベクトルとベクトル方程式

点 A$(\vec{a})$ を通り，$\vec{u}$ $(\neq \vec{0})$ に平行な直線 l のベクトル方程式は

$$\vec{p}=\vec{a}+t\vec{u} \quad (t \text{ は媒介変数})$$

このとき，$\vec{u}$ を直線 l の **方向ベクトル** という。

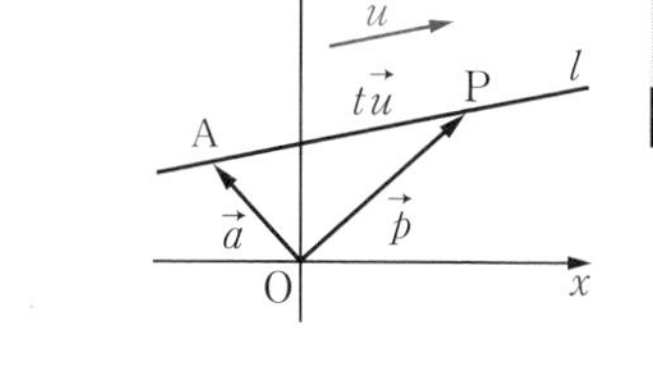

(2) 直線 l の媒介変数表示

A$(x_1,\ y_1)$，P$(x,\ y)$，$\vec{u}=(a,\ b)$ のとき

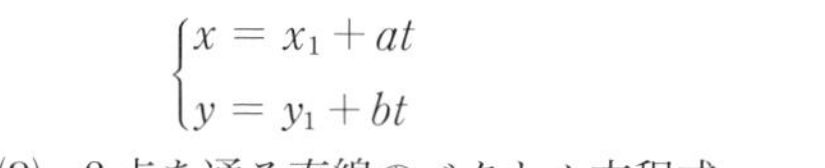

$$\begin{cases} x=x_1+at \\ y=y_1+bt \end{cases}$$

(3) 2点を通る直線のベクトル方程式

2点 A$(\vec{a})$，B$(\vec{b})$ を通る直線のベクトル方程式は

(ア) $\vec{p}=(1-t)\vec{a}+t\vec{b}$

(イ) $\vec{p}=s\vec{a}+t\vec{b},\ s+t=1$

(4) 直線の法線ベクトルとベクトル方程式

点 A$(\vec{a})$ を通り，$\vec{n}$ $(\neq \vec{0})$ に垂直な直線 l のベクトル方程式は　$\vec{n}\cdot(\vec{p}-\vec{a})=0$

このとき，$\vec{n}$ を直線 l の **法線ベクトル** という。

特に，$\vec{n}=(a,\ b)$，A$(x_1,\ y_1)$ とすると，直線上の

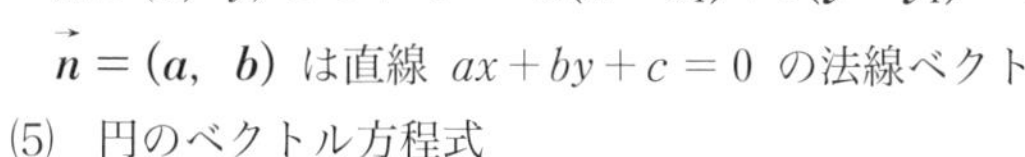

点 P$(x,\ y)$ について　$a(x-x_1)+b(y-y_1)=0$

$\vec{n}=(a,\ b)$ は直線 $ax+by+c=0$ の法線ベクトルである。

(5) 円のベクトル方程式

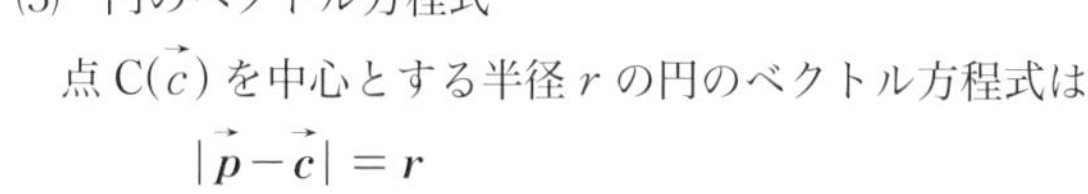

点 C$(\vec{c})$ を中心とする半径 r の円のベクトル方程式は

$$|\vec{p}-\vec{c}|=r$$

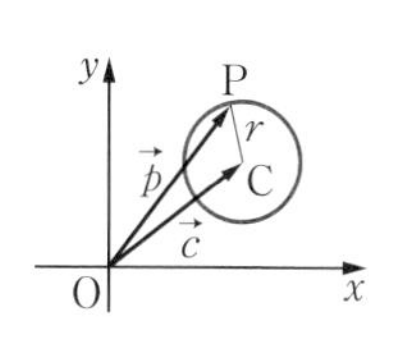

例 ① 平面上に △OAB がある。A$(\vec{a})$，B$(\vec{b})$，AB $=2$ とするとき

(1) A を通り，OB に平行な直線のベクトル方程式は

$$\vec{p}=\vec{a}+t\vec{b}$$

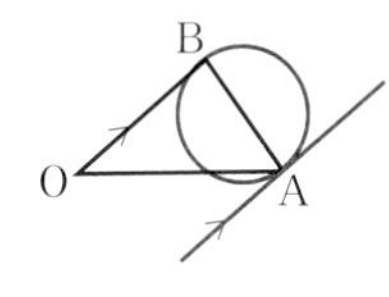

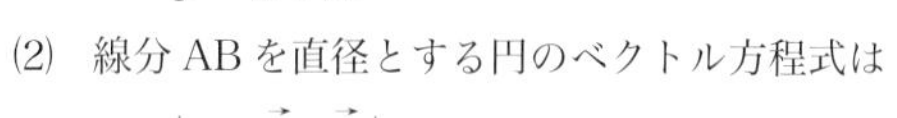

(2) 線分 AB を直径とする円のベクトル方程式は

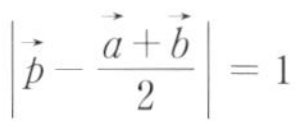

$$\left|\vec{p}-\frac{\vec{a}+\vec{b}}{2}\right|=1$$

② 点 $(1,\ 2)$ を通り，$\vec{n}=(3,\ 4)$ に垂直な直線の方程式は

$$3(x-1)+4(y-2)=0 \quad \text{すなわち} \quad 3x+4y=11$$

また，直線 $2x-5y=3$ は，$\vec{n}=(2,\ -5)$ に垂直な直線である。

Quick Check 3

▶▶解答編 p.26

位置ベクトル

①〔1〕 平面上の3点 $A(\vec{a})$，$B(\vec{b})$，$C(\vec{c})$ について，次のベクトルを $\vec{a}$，$\vec{b}$，$\vec{c}$ を用いて表せ。

(1) 線分 AB の中点 M の位置ベクトル

(2) 線分 AB を 3：2 に内分する点 D の位置ベクトル

(3) 線分 BC を 1：2 に内分する点 E の位置ベクトル

(4) 線分 AB を 2：3 に外分する点 F の位置ベクトル

(5) △OAB の重心 G の位置ベクトル

〔2〕 3点 A(1, 5)，B(4, 3)，C(x, 9) が一直線上にあるとき，x の値を求めよ。

ベクトル方程式

②〔1〕 平面上に △OAB がある。$A(\vec{a})$，$B(\vec{b})$，$OA=3$，$OB=4$ とするとき，次の図形のベクトル方程式を求めよ。

(1) 点 B を通り，OA に平行な直線

(2) 点 A を通り，OB に垂直な直線

(3) 点 A を中心とし，点 O を通る円

(4) 線分 OB を直径とする円

〔2〕 (1) 点 (3, 5) を通り，$\vec{u}=(1,\ -2)$ に平行な直線を媒介変数 t を用いて表せ。

(2) 点 (−4, 5) を通り，$\vec{v}=(3,\ 2)$ に垂直な直線の方程式を求めよ。

例題 19　分点の位置ベクトル

★☆☆☆

平面上に3点 A($\vec{a}$), B($\vec{b}$), C($\vec{c}$) がある。次の点の位置ベクトルを $\vec{a}$, $\vec{b}$, $\vec{c}$ を用いて表せ。

(1) 線分 AB を 2:1 に内分する点 P($\vec{p}$)

(2) 線分 BC の中点 M($\vec{m}$)

(3) 線分 CA を 2:1 に外分する点 Q($\vec{q}$)

(4) △PMQ の重心 G($\vec{g}$)

思考のプロセス

公式の利用　座標平面における内分点・外分点，重心の公式と似ている。

点A($\vec{a}$), B($\vec{b}$), C($\vec{c}$) に対して

線分 AB を $m:n$ に内分する点 P($\vec{p}$) は　$\vec{p}=\dfrac{n\vec{a}+m\vec{b}}{m+n}$

! $m:n$ に外分する点は $m:(-n)$ に内分する点と考える。

△ABC の重心 G($\vec{g}$) は　$\vec{g}=\dfrac{\vec{a}+\vec{b}+\vec{c}}{3}$

Action>> 線分 AB を $m:n$ に分ける点 P は，$\overrightarrow{\mathrm{OP}}=\dfrac{n\overrightarrow{\mathrm{OA}}+m\overrightarrow{\mathrm{OB}}}{m+n}$ とせよ

解 (1) $\vec{p}=\dfrac{1\vec{a}+2\vec{b}}{2+1}=\dfrac{\vec{a}+2\vec{b}}{3}$

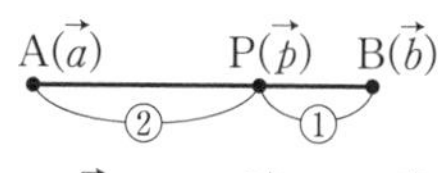

(2) $\vec{m}=\dfrac{\vec{b}+\vec{c}}{2}$

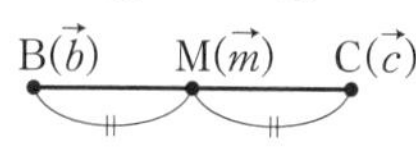

(3) 線分 CA を 2:(−1) に内分する点と考えて

$\vec{q}=\dfrac{(-1)\vec{c}+2\vec{a}}{2+(-1)}=2\vec{a}-\vec{c}$

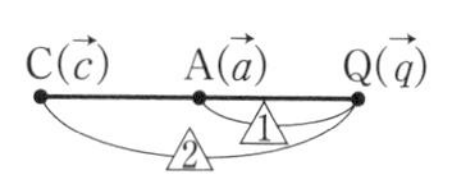

(4) $\vec{g}=\dfrac{\vec{p}+\vec{m}+\vec{q}}{3}$

$=\dfrac{1}{3}\left(\dfrac{\vec{a}+2\vec{b}}{3}+\dfrac{\vec{b}+\vec{c}}{2}+2\vec{a}-\vec{c}\right)$

$=\dfrac{2\vec{a}+4\vec{b}+3\vec{b}+3\vec{c}+12\vec{a}-6\vec{c}}{18}$

$=\dfrac{14\vec{a}+7\vec{b}-3\vec{c}}{18}$

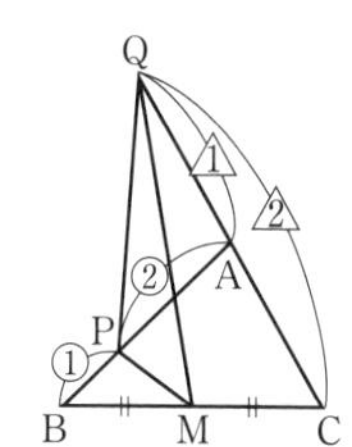

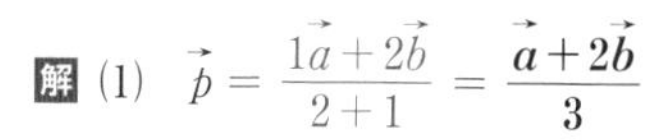

◀ A($\vec{a}$), B($\vec{b}$) に対し，線分 AB を $m:n$ に内分する点の位置ベクトルは $\dfrac{n\vec{a}+m\vec{b}}{m+n}$

線分 AB の中点の位置ベクトルは $\dfrac{\vec{a}+\vec{b}}{2}$

◀ 線分を $m:n$ に外分する点の位置ベクトルは $m:(-n)$ に内分する点と考える。

◀ 重心の位置ベクトルは，3頂点の位置ベクトルの和を3で割る。

練習 19　3点 A($\vec{a}$), B($\vec{b}$), C($\vec{c}$) を頂点とする △ABC がある。次の点の位置ベクトルを $\vec{a}$, $\vec{b}$, $\vec{c}$ を用いて表せ。

(1) 線分 BC を 3:2 に内分する点 P($\vec{p}$)　　(2) 線分 CA の中点 M($\vec{m}$)

(3) 線分 AB を 3:2 に外分する点 Q($\vec{q}$)　　(4) △PMQ の重心 G($\vec{g}$)

➡p.68 問題19

例題 20　重心の位置ベクトル　★★☆☆

3点A，B，Cの位置ベクトルをそれぞれ $\vec{a}$, $\vec{b}$, $\vec{c}$ とする。△ABCの辺BC，CA，ABを1:2に内分する点をそれぞれ点P，Q，Rとするとき，△ABCの重心Gと△PQRの重心G′は一致することを示せ。

思考のプロセス

始点をOに固定すると，点とその位置ベクトルが対応する。　⬅ 点G′ ⟺ $\overrightarrow{\mathrm{OG'}}$

① △PQRの重心G′ ⟹ $\overrightarrow{\mathrm{OG'}} = \dfrac{\overrightarrow{\mathrm{O\square}}+\overrightarrow{\mathrm{O\square}}+\overrightarrow{\mathrm{O\square}}}{3}$

② **結論の言い換え**

点Gと点G′が一致 ⟹ 2点G，G′の位置ベクトルが等しい。
⟹ $\overrightarrow{\mathrm{OG}}=\overrightarrow{\mathrm{OG'}}$ を示す。

Action>> 2点の一致は，それぞれの位置ベクトルが等しいことを示せ

解 点Gは△ABCの重心であるから　$\overrightarrow{\mathrm{OG}} = \dfrac{\vec{a}+\vec{b}+\vec{c}}{3}$

次に，BP : PC = 1 : 2 より

$$\overrightarrow{\mathrm{OP}} = \frac{2\overrightarrow{\mathrm{OB}}+\overrightarrow{\mathrm{OC}}}{1+2} = \frac{2\vec{b}+\vec{c}}{3}$$

CQ : QA = 1 : 2 より

$$\overrightarrow{\mathrm{OQ}} = \frac{2\overrightarrow{\mathrm{OC}}+\overrightarrow{\mathrm{OA}}}{1+2} = \frac{2\vec{c}+\vec{a}}{3}$$

AR : RB = 1 : 2 より

$$\overrightarrow{\mathrm{OR}} = \frac{2\overrightarrow{\mathrm{OA}}+\overrightarrow{\mathrm{OB}}}{1+2} = \frac{2\vec{a}+\vec{b}}{3}$$

よって，点G′は△PQRの重心であるから

$$\overrightarrow{\mathrm{OG'}} = \frac{\overrightarrow{\mathrm{OP}}+\overrightarrow{\mathrm{OQ}}+\overrightarrow{\mathrm{OR}}}{3}$$

$$= \frac{1}{3}\left(\frac{2\vec{b}+\vec{c}}{3}+\frac{2\vec{c}+\vec{a}}{3}+\frac{2\vec{a}+\vec{b}}{3}\right) = \frac{\vec{a}+\vec{b}+\vec{c}}{3}$$

ゆえに，$\overrightarrow{\mathrm{OG}}=\overrightarrow{\mathrm{OG'}}$ であるから，2点GとG′は一致する。

◀ $\overrightarrow{\mathrm{OG'}}$ を $\vec{a}$, $\vec{b}$, $\vec{c}$ で表すために，$\overrightarrow{\mathrm{OP}}$, $\overrightarrow{\mathrm{OQ}}$, $\overrightarrow{\mathrm{OR}}$ をそれぞれ $\vec{a}$, $\vec{b}$, $\vec{c}$ で表す。

◀ A($\vec{a}$), B($\vec{b}$) に対して，線分ABを $m:n$ に内分する点の位置ベクトルは
$\dfrac{n\vec{a}+m\vec{b}}{m+n}$

◀ $\overrightarrow{\mathrm{OG'}}$ を $\vec{a}$, $\vec{b}$, $\vec{c}$ で表し，$\overrightarrow{\mathrm{OG}}$ と一致することを示す。

Point....三角形の重心

一般に，△ABCの辺BC，CA，ABをそれぞれ $m:n$ に内分する点をP，Q，Rとしたとき，△ABCの重心と△PQRの重心は一致する。

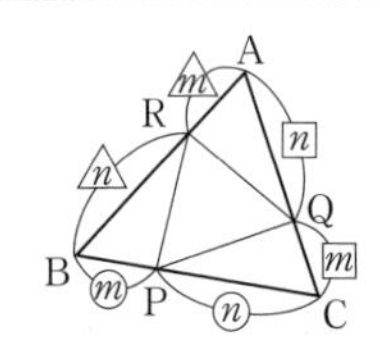

練習 20　3点A，B，Cの位置ベクトルをそれぞれ $\vec{a}$, $\vec{b}$, $\vec{c}$ とする。△ABCの辺BC，CA，ABを2:1に外分する点をそれぞれP，Q，Rとするとき，△ABCの重心Gと△PQRの重心G′は一致することを示せ。

➡p.68 問題20

例題 21　3点が一直線上にある条件

重要　★★☆☆

平行四辺形ABCDにおいて，辺CDを1:2に内分する点をE，辺BCを3:1に外分する点をFとする。このとき，3点A，E，Fは一直線上にあることを示せ。また，AE:AFを求めよ。

思考のプロセス

結論の言い換え

結論「3点A，E，Fが一直線上」$\Longrightarrow$ $\overrightarrow{AF}=k\overrightarrow{AE}$ を示す。

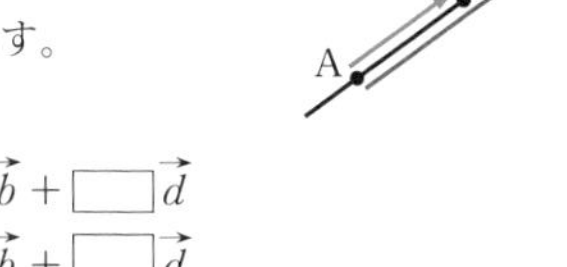

基準を定める

$\left(\begin{array}{l}\vec{0}\text{でなく平行でない2つのベクトル}\\ \overrightarrow{AB}=\vec{b}\text{と}\overrightarrow{AD}=\vec{d}\text{を導入}\end{array}\right)$ $\Longrightarrow$ $\begin{cases}\overrightarrow{AE}=\square\vec{b}+\square\vec{d}\\ \overrightarrow{AF}=\square\vec{b}+\square\vec{d}\end{cases}$

Action>> 3点A，B，Cが一直線上を示すときは，$\overrightarrow{AC}=k\overrightarrow{AB}$ を導け

解 $\overrightarrow{AB}=\vec{b}$，$\overrightarrow{AD}=\vec{d}$ とする。

ABCDは平行四辺形であるから　　$\overrightarrow{AC}=\vec{b}+\vec{d}$

例題19　点Eは辺CDを1:2に内分する点であるから

$$\overrightarrow{AE}=\frac{2\overrightarrow{AC}+\overrightarrow{AD}}{1+2}=\frac{2(\vec{b}+\vec{d})+\vec{d}}{3}=\frac{2\vec{b}+3\vec{d}}{3}\quad\cdots①$$

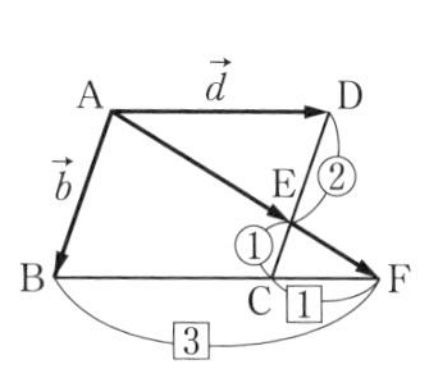

例題19　点Fは辺BCを3:1に外分する点であるから

$$\overrightarrow{AF}=\frac{(-1)\overrightarrow{AB}+3\overrightarrow{AC}}{3+(-1)}=\frac{-\vec{b}+3(\vec{b}+\vec{d})}{2}=\frac{2\vec{b}+3\vec{d}}{2}\quad\cdots②$$

①，②より　　$\overrightarrow{AF}=\dfrac{3}{2}\overrightarrow{AE}$　　$\cdots③$

よって，3点A，E，Fは一直線上にある。

また，③より　　AE:AF = **2:3**

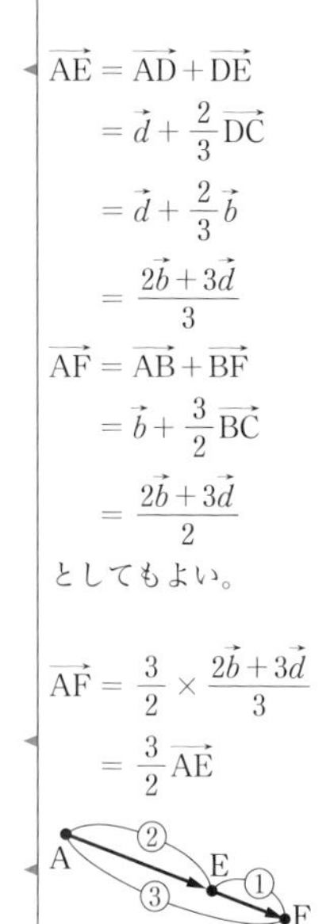

$\overrightarrow{AE}=\overrightarrow{AD}+\overrightarrow{DE}$
$=\vec{d}+\frac{2}{3}\overrightarrow{DC}$
$=\vec{d}+\frac{2}{3}\vec{b}$
$=\frac{2\vec{b}+3\vec{d}}{3}$
$\overrightarrow{AF}=\overrightarrow{AB}+\overrightarrow{BF}$
$=\vec{b}+\frac{3}{2}\overrightarrow{BC}$
$=\frac{2\vec{b}+3\vec{d}}{2}$
としてもよい。
$\overrightarrow{AF}=\frac{3}{2}\times\frac{2\vec{b}+3\vec{d}}{3}$
$=\frac{3}{2}\overrightarrow{AE}$
②
A
E
①
③
F

Point....一直線上にある3点

3点A，B，Pが一直線上にある $\Longleftrightarrow$ $\overrightarrow{AP}=k\overrightarrow{AB}$（$k$は実数）

さらに，$\overrightarrow{AP}=k\overrightarrow{AB}$ が成り立つとき，線分ABとAPの長さの比は　　AB:AP = 1:$|k|$

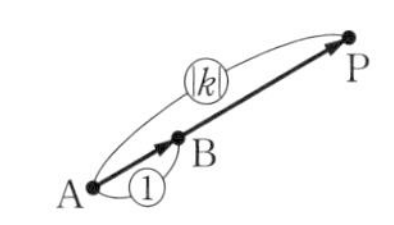

練習 21　△ABCにおいて，辺ABの中点をD，辺BCを2:1に外分する点をE，辺ACを2:1に内分する点をFとする。このとき，3点D，E，Fが一直線上にあることを示せ。また，DF:FEを求めよ。

➡p.68 問題21

重要
★★☆☆

例題 22 交点の位置ベクトル〔1〕

△OAB において，辺 OA を 2:1 に内分する点を E，辺 OB を 3:2 に内分する点を F とする。また，線分 AF と線分 BE の交点を P とし，直線 OP と辺 AB の交点を Q とする。さらに，$\overrightarrow{\mathrm{OA}}=\vec{a}$，$\overrightarrow{\mathrm{OB}}=\vec{b}$ とおく。

(1) $\overrightarrow{\mathrm{OP}}$ を $\vec{a}$，$\vec{b}$ を用いて表せ。　　(2) $\overrightarrow{\mathrm{OQ}}$ を $\vec{a}$，$\vec{b}$ を用いて表せ。

(3) AQ : QB，OP : PQ をそれぞれ求めよ。

思考のプロセス

見方を変える

(1) 点 P は線分 AF 上の点であり，線分 BE 上の点である。

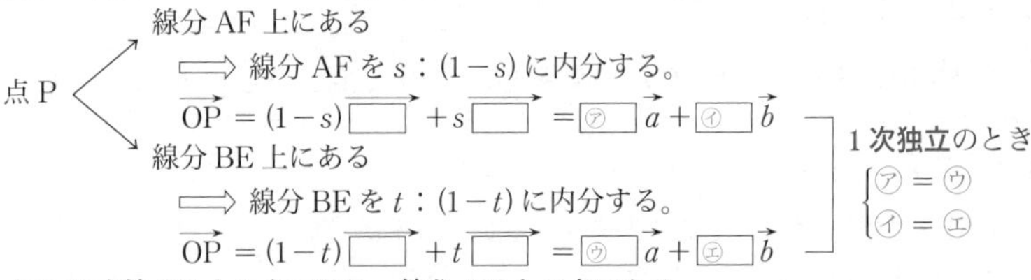

(2) 点 Q は直線 OP 上の点であり，線分 AB 上の点である。

点 Q
- 直線 OP 上にある
  ⟹ $\overrightarrow{\mathrm{OQ}}=k\overrightarrow{\mathrm{OP}}=$ ㋐ $\vec{a}+$ ㋑ $\vec{b}$
- 線分 AB 上にある
  ⟹ 線分 AB を $u:(1-u)$ に内分する。
  $\overrightarrow{\mathrm{OQ}}=(1-u)\overrightarrow{\square}+u\overrightarrow{\square}=$ ㋒ $\vec{a}+$ ㋓ $\vec{b}$

1 次独立のとき
$\begin{cases} ㋐ = ㋒ \\ ㋑ = ㋓ \end{cases}$

Action>> 2直線の交点の位置ベクトルは，1次独立なベクトルを用いて2通りに表せ

解 (1) 点 E は辺 OA を 2:1 に内分する点であるから　$\overrightarrow{\mathrm{OE}}=\dfrac{2}{3}\vec{a}$

点 F は辺 OB を 3:2 に内分する点であるから　$\overrightarrow{\mathrm{OF}}=\dfrac{3}{5}\vec{b}$

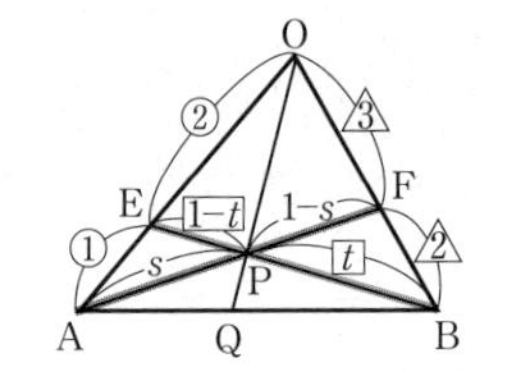

AP : PF $= s:(1-s)$ とおくと

$$\overrightarrow{\mathrm{OP}}=(1-s)\overrightarrow{\mathrm{OA}}+s\overrightarrow{\mathrm{OF}}=(1-s)\vec{a}+\frac{3}{5}s\vec{b}\quad\cdots ①$$

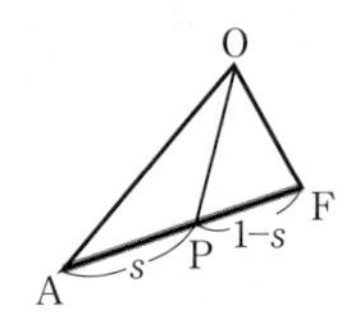

◀点 P を △OAF の辺 AF の内分点と考える。

BP : PE $= t:(1-t)$ とおくと

$$\overrightarrow{\mathrm{OP}}=(1-t)\overrightarrow{\mathrm{OB}}+t\overrightarrow{\mathrm{OE}}=\frac{2}{3}t\vec{a}+(1-t)\vec{b}\quad\cdots ②$$

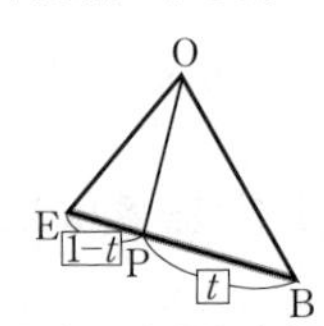

◀点 P を △OBE の辺 BE の内分点と考える。

$\vec{a}\neq\vec{0}$，$\vec{b}\neq\vec{0}$ であり，$\vec{a}$ と $\vec{b}$ は平行でないから，

①，② より　$1-s=\dfrac{2}{3}t$　かつ　$\dfrac{3}{5}s=1-t$

◀係数を比較するときには 1 次独立であることを述べる。

これを解くと　$s=\dfrac{5}{9}$，$t=\dfrac{2}{3}$

よって　$\overrightarrow{\mathbf{OP}}=\dfrac{4}{9}\vec{a}+\dfrac{1}{3}\vec{b}$

◀① または ② に代入する。

(2) 点Qは直線OP上の点であるから

$$\overrightarrow{OQ}=k\overrightarrow{OP}=\frac{4}{9}k\vec{a}+\frac{1}{3}k\vec{b} \quad \cdots ③$$

とおける。

また，AQ : QB $= u : (1-u)$ とおくと

$$\overrightarrow{OQ}=(1-u)\vec{a}+u\vec{b} \quad \cdots ④$$

$\vec{a}\neq\vec{0}$，$\vec{b}\neq\vec{0}$ であり，$\vec{a}$ と $\vec{b}$ は平行でないから，

③，④ より　$1-u=\frac{4}{9}k$　かつ　$u=\frac{1}{3}k$

これを解くと　$k=\frac{9}{7}$，$u=\frac{3}{7}$

よって　$\boldsymbol{\overrightarrow{OQ}=\frac{4}{7}\vec{a}+\frac{3}{7}\vec{b}}$

〔別解〕 点Qは直線OP上の点であるから

$$\overrightarrow{OQ}=k\overrightarrow{OP}=\frac{4}{9}k\vec{a}+\frac{1}{3}k\vec{b} \quad \cdots ③$$

とおける。

点Qは辺AB上の点であるから　$\frac{4}{9}k+\frac{1}{3}k=1$

$k=\frac{9}{7}$ より，③ に代入すると　$\overrightarrow{OQ}=\frac{4}{7}\vec{a}+\frac{3}{7}\vec{b}$

◀ 3点O，P，Qが一直線上にある $\Longleftrightarrow \overrightarrow{OQ}=k\overrightarrow{OP}$

◀ ③ または ④ に代入する。

◀ 点Pが直線AB上にある $\Longleftrightarrow \overrightarrow{OP}=s\overrightarrow{OA}+t\overrightarrow{OB}$ $(s+t=1)$

(3) (2) より，$\overrightarrow{OQ}=\frac{4\vec{a}+3\vec{b}}{7}$ である

から　**AQ : QB = 3 : 4**

また，(2) より　$\overrightarrow{OQ}=\frac{9}{7}\overrightarrow{OP}$

OP : OQ = 7 : 9 となるから

OP : PQ = 7 : 2

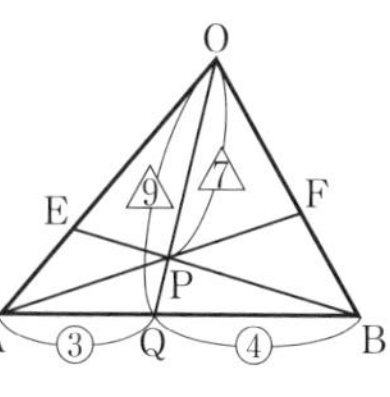

◀ $\overrightarrow{OQ}=\frac{4\overrightarrow{OA}+3\overrightarrow{OB}}{3+4}$ より点Qは線分ABを3 : 4に内分する。

Point....ベクトルと1次独立

2つのベクトル $\vec{a}$ と $\vec{b}$ が1次独立（$\vec{a}\neq\vec{0}$，$\vec{b}\neq\vec{0}$，$\vec{a}\not\parallel\vec{b}$）のとき

平面上の任意のベクトル $\vec{p}$ は，$\vec{p}=k\vec{a}+l\vec{b}$ の形にただ1通りに表される。

すなわち　$k\vec{a}+l\vec{b}=k'\vec{a}+l'\vec{b} \Longleftrightarrow k=k'$　かつ　$l=l'$

特に　$k\vec{a}+l\vec{b}=\vec{0} \Longleftrightarrow k=l=0$

練習 22　△OABにおいて，辺OAを3 : 1に内分する点をE，辺OBを2 : 3に内分する点をFとする。また，線分AFと線分BEの交点をP，直線OPと辺ABの交点をQとする。さらに，$\overrightarrow{OA}=\vec{a}$，$\overrightarrow{OB}=\vec{b}$ とおく。

(1) $\overrightarrow{OP}$ を $\vec{a}$，$\vec{b}$ を用いて表せ。　(2) $\overrightarrow{OQ}$ を $\vec{a}$，$\vec{b}$ を用いて表せ。

(3) AQ : QB，OP : PQ をそれぞれ求めよ。

➡p.68 問題22

Play Back 1　メネラウスの定理, チェバの定理を利用する交点の位置ベクトル

例題 22 のような，三角形の頂点や分点を結ぶ 2 直線の交点の位置ベクトルを求める問題では，数学 A で学習したメネラウスの定理やチェバの定理を用いる解法も有効です。ここで紹介しましょう。

〈例題 22 の別解〉

△OAF と直線 BE について，メネラウスの定理により

$$\frac{AP}{PF}\cdot\frac{FB}{BO}\cdot\frac{OE}{EA}=1$$

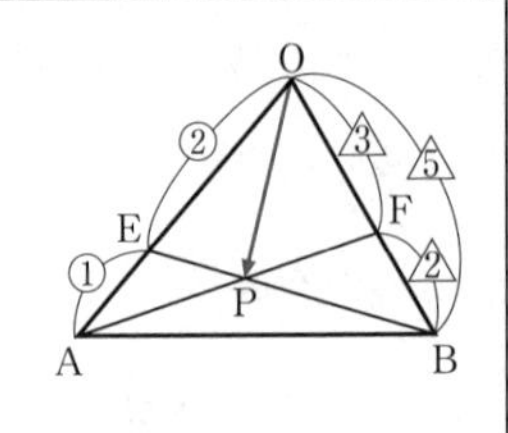

点 E，F はそれぞれ，辺 OA を 2：1，辺 OB を 3：2 に内分する点であるから

$\frac{AP}{PF}\cdot\frac{2}{5}\cdot\frac{2}{1}=1$ より　　$\frac{AP}{PF}=\frac{5}{4}$

← $\frac{FB}{BO}=\frac{2}{2+3}=\frac{2}{5}$　$\frac{OE}{EA}=\frac{2}{1}$

すなわち，AP：PF = 5：4 であるから

$$\overrightarrow{OP}=\frac{4\overrightarrow{OA}+5\overrightarrow{OF}}{5+4}=\frac{4}{9}\overrightarrow{OA}+\frac{5}{9}\overrightarrow{OF}$$

ここで，$\overrightarrow{OA}=\vec{a}$，$\overrightarrow{OF}=\frac{3}{5}\overrightarrow{OB}=\frac{3}{5}\vec{b}$ より

$$\overrightarrow{OP}=\frac{4}{9}\vec{a}+\frac{5}{9}\cdot\frac{3}{5}\vec{b}=\frac{4}{9}\vec{a}+\frac{1}{3}\vec{b}\quad\cdots①$$

さらに，OP の延長線と辺 AB の交点が Q であるから

△OAB において，チェバの定理により

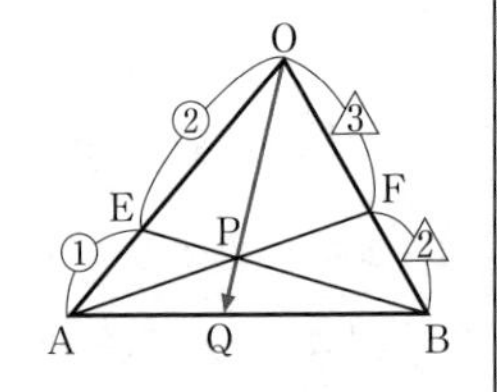

$\frac{AQ}{QB}\cdot\frac{BF}{FO}\cdot\frac{OE}{EA}=1$ より　　$\frac{AQ}{QB}\cdot\frac{2}{3}\cdot\frac{2}{1}=1$

ゆえに　$\frac{AQ}{QB}=\frac{3}{4}$

すなわち，**AQ：QB = 3：4** であるから

$$\overrightarrow{OQ}=\frac{4\overrightarrow{OA}+3\overrightarrow{OB}}{3+4}=\frac{4}{7}\vec{a}+\frac{3}{7}\vec{b}\quad\cdots②$$

①，② より $\overrightarrow{OP}=\frac{7}{9}\overrightarrow{OQ}$ であるから

OP：PQ = 7：2

OP：PQ = 7：2 は，△OAQ と直線 BE についてメネラウスの定理を利用して求めることもできます。

チャレンジ〈1〉　上のようにメネラウスの定理とチェバの定理を用いて，練習 22 を解け。

（⇨ 解答編 p.29）

例題 23 交点の位置ベクトル〔2〕 ★★☆☆

△OAB において，辺 OA を 3：2 に内分する点を C，辺 OB の中点を D とする。また，線分 CD の中点を E とし，直線 OE と線分 AB の交点を F とする。さらに，$\overrightarrow{\mathrm{OA}}=\vec{a}$，$\overrightarrow{\mathrm{OB}}=\vec{b}$ とおく。

(1) $\overrightarrow{\mathrm{OE}}$ を $\vec{a}$，$\vec{b}$ を用いて表せ。　　(2) $\overrightarrow{\mathrm{OF}}$ を $\vec{a}$，$\vec{b}$ を用いて表せ。

思考のプロセス

(2) 点 F は直線 OE 上にあるから　$\overrightarrow{\mathrm{OF}}=k\overrightarrow{\mathrm{OE}}=\square k\overrightarrow{\mathrm{OA}}+\bigcirc k\overrightarrow{\mathrm{OB}}$

見方を変える

点 F が直線 AB 上にある $\Longleftrightarrow$ $\overrightarrow{\mathrm{OF}}=\square k\overrightarrow{\mathrm{OA}}+\bigcirc k\overrightarrow{\mathrm{OB}}$

係数の和 $\square k+\bigcirc k=1$

Action>> 点 P が直線 AB 上にあるときは，$\overrightarrow{\mathrm{OP}}=s\overrightarrow{\mathrm{OA}}+t\overrightarrow{\mathrm{OB}}$，$s+t=1$ とせよ

解 (1) 点 C は辺 OA を 3：2 に内分するから　$\overrightarrow{\mathrm{OC}}=\frac{3}{5}\vec{a}$

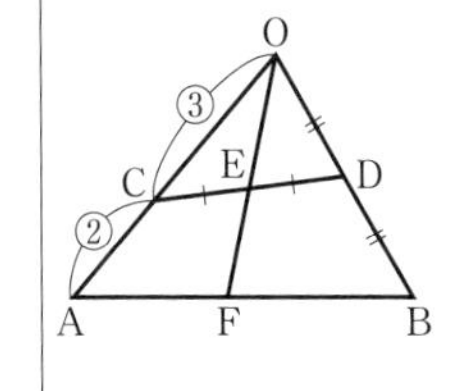

点 D は辺 OB の中点であるから　$\overrightarrow{\mathrm{OD}}=\frac{1}{2}\vec{b}$

点 E は線分 CD の中点であるから

$$\overrightarrow{\mathrm{OE}}=\frac{\overrightarrow{\mathrm{OC}}+\overrightarrow{\mathrm{OD}}}{2}=\frac{1}{2}\left(\frac{3}{5}\vec{a}+\frac{1}{2}\vec{b}\right)=\boldsymbol{\frac{3}{10}\vec{a}+\frac{1}{4}\vec{b}}$$

(2) 点 F は直線 OE 上の点であるから

$$\overrightarrow{\mathrm{OF}}=k\overrightarrow{\mathrm{OE}}=\frac{3}{10}k\vec{a}+\frac{1}{4}k\vec{b}\quad\cdots①$$

とおける。

点 F は辺 AB 上の点であるから　$\frac{3}{10}k+\frac{1}{4}k=1$

これを解くと　$k=\frac{20}{11}$

① に代入すると　$\overrightarrow{\mathrm{OF}}=\boldsymbol{\frac{6}{11}\vec{a}+\frac{5}{11}\vec{b}}$

◀ 3 点 O，E，F が一直線上にある $\Longleftrightarrow$ $\overrightarrow{\mathrm{OF}}=k\overrightarrow{\mathrm{OE}}$

◀ AF：FB $=s:(1-s)$ とおいて $\overrightarrow{\mathrm{OF}}=(1-s)\vec{a}+s\vec{b}$ とし，$\vec{a}$ と $\vec{b}$ が 1 次独立であることを用いて $1-s=\frac{3}{10}k$ かつ $s=\frac{1}{4}k$ から $\overrightarrow{\mathrm{OF}}$ を求めてもよい。

Point.... 3点が一直線上にある条件

3 点 $\mathrm{A}(\vec{a})$，$\mathrm{B}(\vec{b})$，$\mathrm{P}(\vec{p})$ が一直線上にあるとき

$\overrightarrow{\mathrm{AP}}=k\overrightarrow{\mathrm{AB}}$ より　$\vec{p}-\vec{a}=k(\vec{b}-\vec{a})$

よって　$\vec{p}=\underline{(1-k)\vec{a}+k\vec{b}}$

係数の和が 1

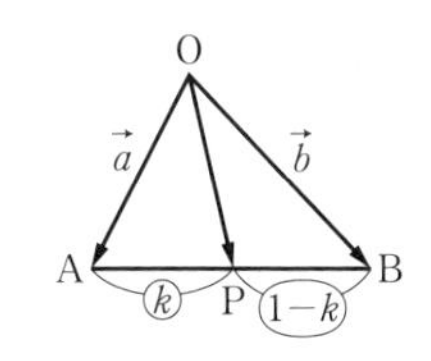

練習 23 △OAB において，辺 OA を 2：1 に内分する点を C，辺 OB の中点を D とする。線分 CD の中点を E とするとき，直線 OE と線分 AB の交点を F とする。また，$\overrightarrow{\mathrm{OA}}=\vec{a}$，$\overrightarrow{\mathrm{OB}}=\vec{b}$ とおく。

(1) $\overrightarrow{\mathrm{OE}}$ を $\vec{a}$，$\vec{b}$ を用いて表せ。　　(2) $\overrightarrow{\mathrm{OF}}$ を $\vec{a}$，$\vec{b}$ を用いて表せ。

➡ p.68 問題 23

例題 24 三角形の内部の点の位置ベクトル ★★☆☆

$\triangle$ABC の内部に点 P があり，等式 $3\overrightarrow{PA}+\overrightarrow{PB}+2\overrightarrow{PC}=\vec{0}$ が成り立っている。

(1) $\overrightarrow{AP}$ を $\overrightarrow{AB}$，$\overrightarrow{AC}$ を用いて表せ。

(2) 点 P はどのような位置にあるか。

思考のプロセス

基準を定める どこにあるか分からない点 P は基準にしにくい。

始点を A とし，2 つのベクトル $\overrightarrow{AB}$ と $\overrightarrow{AC}$ で表す。
（A：三角形の頂点の 1 つ）（$\overrightarrow{AB}$ と $\overrightarrow{AC}$：1 次独立）

条件式 $3\overrightarrow{PA}+\overrightarrow{PB}+2\overrightarrow{PC}=\vec{0} \longrightarrow \overrightarrow{AP}=\dfrac{\overrightarrow{AB}+2\overrightarrow{AC}}{6}$

求めるものの言い換え

点 P の位置 $\Longrightarrow$ 直線 AP と辺 BC との交点を D とおき，BD：DC，AP：PD を考える

$\Longrightarrow \overrightarrow{AP}=\square\times\underbrace{\dfrac{\bigcirc\overrightarrow{AB}+\triangle\overrightarrow{AC}}{\triangle+\bigcirc}}_{\overrightarrow{AD}}$ の形に導く

Action>> $\vec{p}=n\vec{a}+m\vec{b}$ は，$\vec{p}=(m+n)\dfrac{n\vec{a}+m\vec{b}}{m+n}$ と変形せよ

解 (1) $3\overrightarrow{PA}+\overrightarrow{PB}+2\overrightarrow{PC}=\vec{0}$ より

$$3\cdot(-\overrightarrow{AP})+(\overrightarrow{AB}-\overrightarrow{AP})+2(\overrightarrow{AC}-\overrightarrow{AP})=\vec{0}$$

◀点 A を始点とするベクトルで表す。

整理すると $\quad -6\overrightarrow{AP}+\overrightarrow{AB}+2\overrightarrow{AC}=\vec{0}$

よって $\quad \boldsymbol{\overrightarrow{AP}=\dfrac{\overrightarrow{AB}+2\overrightarrow{AC}}{6}}$

(2) (1) より

$$\overrightarrow{AP}=\frac{\overrightarrow{AB}+2\overrightarrow{AC}}{6}=\frac{2+1}{6}\cdot\frac{\overrightarrow{AB}+2\overrightarrow{AC}}{2+1}=\frac{1}{2}\cdot\frac{\overrightarrow{AB}+2\overrightarrow{AC}}{2+1}$$

◀$\overrightarrow{AP}=k\cdot\dfrac{n\overrightarrow{AB}+m\overrightarrow{AC}}{m+n}$ の形に変形する。

よって，$\overrightarrow{AD}=\dfrac{\overrightarrow{AB}+2\overrightarrow{AC}}{2+1}$ とおくと，点 D は辺 BC を 2:1 に内分する点である。

したがって，**点 P は，線分 BC を 2:1 に内分する点 D に対し，線分 AD の中点** である。

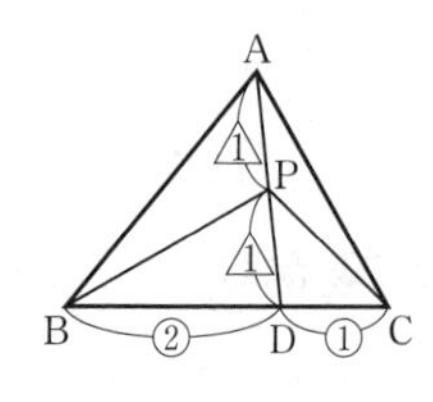

練習 24 $\triangle$ABC の内部に点 P があり，等式 $4\overrightarrow{PA}+2\overrightarrow{PB}+3\overrightarrow{PC}=\vec{0}$ が成り立っている。

(1) $\overrightarrow{AP}$ を $\overrightarrow{AB}$，$\overrightarrow{AC}$ を用いて表せ。

(2) 点 P はどのような位置にあるか。

(3) $\triangle$PBC：$\triangle$PCA：$\triangle$PAB を求めよ。

➡p.68 問題24

例題 25 内心のベクトル

$AB=3,\ BC=7,\ CA=5$ である △ABC の内心を I とする。このとき，$\overrightarrow{AI}$ を $\overrightarrow{AB}$ と $\overrightarrow{AC}$ を用いて表せ。

思考のプロセス

段階的に考える

内心 … 角の二等分線の交点

⟹ ① ∠A の二等分線と BC の交点を D
　② ∠B の二等分線と AD の交点が I

⟹ ① BD：DC＝□：□ より　$\overrightarrow{AD}=\square\overrightarrow{AB}+\square\overrightarrow{AC}$
　② AI：ID＝□：□ より　$\overrightarrow{AI}=\square\overrightarrow{AD}$

⟹ $\overrightarrow{AI}=\square\overrightarrow{AB}+\square\overrightarrow{AC}$

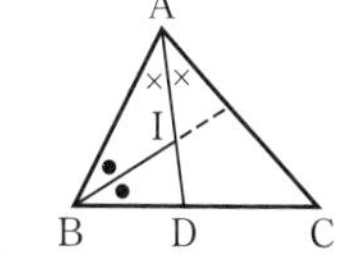

Action>> 内心は，内角の二等分線の交点であることを用いよ

解 ∠BAC の二等分線と辺 BC の交点を D とすると

$$BD:DC=AB:AC=3:5$$

◀ 三角形の角の二等分線の性質

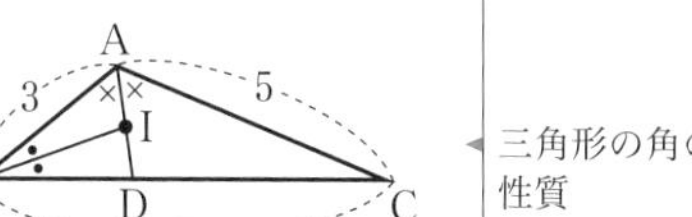

例題19 ゆえに　$\overrightarrow{AD}=\dfrac{5\overrightarrow{AB}+3\overrightarrow{AC}}{8}$

また　$BD=\dfrac{3}{8}BC=\dfrac{21}{8}$

◀ 点 D は，線分 BC を 3：5 に内分する点である。

次に，線分 BI は ∠ABD の二等分線であるから

$$AI:ID=AB:BD=3:\frac{21}{8}=8:7$$

◀ △ABD において ∠ABD の二等分線が BI である。

よって　$\overrightarrow{AI}=\dfrac{8}{15}\overrightarrow{AD}=\dfrac{8}{15}\times\dfrac{5\overrightarrow{AB}+3\overrightarrow{AC}}{8}$

$$=\frac{5\overrightarrow{AB}+3\overrightarrow{AC}}{15}$$

したがって　$\boldsymbol{\overrightarrow{AI}=\dfrac{1}{3}\overrightarrow{AB}+\dfrac{1}{5}\overrightarrow{AC}}$

Point.... 角の二等分線の性質

△ABC の ∠BAC の二等分線を AD とするとき
$BD:DC=AB:AC=c:b$ であるから

$$\overrightarrow{AD}=\frac{b\overrightarrow{AB}+c\overrightarrow{AC}}{c+b}$$

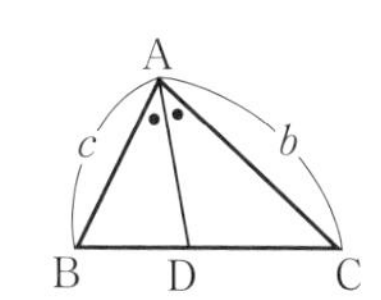

練習 25 $AB=5,\ BC=7,\ CA=6$ である △ABC の内心を I とする。このとき，$\overrightarrow{AI}$ を $\overrightarrow{AB}$ と $\overrightarrow{AC}$ を用いて表せ。

➡p.69 問題25

例題 26　外心のベクトル　★★☆☆

$AB = 3$, $AC = 5$, $\angle BAC = 120^\circ$ の $\triangle ABC$ の外心を O とする。
(1) 内積 $\overrightarrow{AB}\cdot\overrightarrow{AC}$ の値を求めよ。　(2) $\overrightarrow{AO}$ を $\overrightarrow{AB}$, $\overrightarrow{AC}$ を用いて表せ。

思考のプロセス

(2) **未知のものを文字でおく**

$\overrightarrow{AB} \neq \vec{0}$, $\overrightarrow{AC} \neq \vec{0}$, $\overrightarrow{AB} \not\parallel \overrightarrow{AC}$ であるから
$\overrightarrow{AO} = s\overrightarrow{AB} + t\overrightarrow{AC}$ とおける。
点 O が $\triangle ABC$ の外心
$\Longrightarrow \begin{cases} \overrightarrow{AB}\cdot\overrightarrow{MO} = 0 \\ \overrightarrow{AC}\cdot\overrightarrow{NO} = 0 \end{cases} \Longrightarrow$ s, t の連立方程式

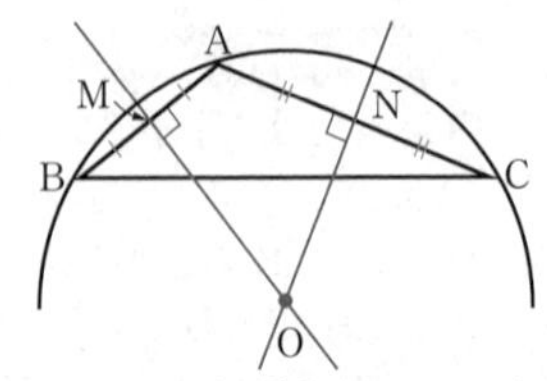

M,N はそれぞれ線分 AB,AC の中点

Action>> 外心は，各辺の垂直二等分線の交点であることを用いよ

解 (1) $\overrightarrow{AB}\cdot\overrightarrow{AC} = |\overrightarrow{AB}||\overrightarrow{AC}|\cos 120^\circ = 3\times 5\times\left(-\dfrac{1}{2}\right) = \boldsymbol{-\dfrac{15}{2}}$

(2) $\overrightarrow{AO} = s\overrightarrow{AB} + t\overrightarrow{AC}$ とおく。
辺 AB, AC の中点をそれぞれ M, N とおくと

$MO \perp AB$　かつ　$NO \perp AC$

◀ 辺 AB, AC の垂直二等分線の交点が O である。

$$\overrightarrow{MO} = \overrightarrow{AO} - \overrightarrow{AM} = \left(s-\frac{1}{2}\right)\overrightarrow{AB} + t\overrightarrow{AC}$$

◀ $\overrightarrow{AM} = \dfrac{1}{2}\overrightarrow{AB}$

$$\overrightarrow{NO} = \overrightarrow{AO} - \overrightarrow{AN} = s\overrightarrow{AB} + \left(t-\frac{1}{2}\right)\overrightarrow{AC}$$

◀ $\overrightarrow{AN} = \dfrac{1}{2}\overrightarrow{AC}$

$AB \perp MO$ より，$\overrightarrow{AB}\cdot\overrightarrow{MO} = 0$ が成り立つから

$$\overrightarrow{AB}\cdot\left\{\left(s-\frac{1}{2}\right)\overrightarrow{AB} + t\overrightarrow{AC}\right\} = 0$$

$\left(s-\dfrac{1}{2}\right)|\overrightarrow{AB}|^2 + t\overrightarrow{AB}\cdot\overrightarrow{AC} = 0$ より

$6s - 5t = 3$　…①

◀ $\left(s-\dfrac{1}{2}\right)\cdot 3^2 + t\left(-\dfrac{15}{2}\right) = 0$

また，$AC \perp NO$ より，$\overrightarrow{AC}\cdot\overrightarrow{NO} = 0$ が成り立つから

$$\overrightarrow{AC}\cdot\left\{s\overrightarrow{AB} + \left(t-\frac{1}{2}\right)\overrightarrow{AC}\right\} = 0$$

$s\overrightarrow{AB}\cdot\overrightarrow{AC} + \left(t-\dfrac{1}{2}\right)|\overrightarrow{AC}|^2 = 0$ より

$3s - 10t = -5$　…②

◀ $s\left(-\dfrac{15}{2}\right) + \left(t-\dfrac{1}{2}\right)\cdot 5^2 = 0$

①, ② を解いて　$s = \dfrac{11}{9}$, $t = \dfrac{13}{15}$

よって　$\boldsymbol{\overrightarrow{AO} = \dfrac{11}{9}\overrightarrow{AB} + \dfrac{13}{15}\overrightarrow{AC}}$

練習 26 $AB = 5$, $AC = 6$, $\angle BAC = 60^\circ$ の $\triangle ABC$ の外心を O とする。
(1) 内積 $\overrightarrow{AB}\cdot\overrightarrow{AC}$ の値を求めよ。　(2) $\overrightarrow{AO}$ を $\overrightarrow{AB}$, $\overrightarrow{AC}$ を用いて表せ。

➡p.69 問題26

例題 27 三角形の外心・重心・垂心とベクトル

D ★★☆☆

直角三角形でない △ABC の㋐外心を O，㋑重心を G とし，$\overrightarrow{\mathrm{OH}} = 3\overrightarrow{\mathrm{OG}}$ とする。このとき，点 H は △ABC の垂心であることを示せ。

思考のプロセス

H が △ABC の垂心 ⟹ $\overrightarrow{\mathrm{AH}}\cdot\overrightarrow{\mathrm{BC}} = 0$，$\overrightarrow{\mathrm{BH}}\cdot\overrightarrow{\mathrm{CA}} = 0$，$\overrightarrow{\mathrm{CH}}\cdot\overrightarrow{\mathrm{AB}} = 0$ を示す。

条件の言い換え

条件㋐ ⟹ $|\overrightarrow{\mathrm{OA}}| = |\overrightarrow{\mathrm{OB}}| = |\overrightarrow{\mathrm{OC}}|$

条件㋑ ⟹ $\overrightarrow{\mathrm{OG}} = \dfrac{\overrightarrow{\mathrm{OA}}+\overrightarrow{\mathrm{OB}}+\overrightarrow{\mathrm{OC}}}{3}$

Action>> 三角形の五心は，その図形的性質を利用せよ

解 $\overrightarrow{\mathrm{OA}} = \vec{a}$，$\overrightarrow{\mathrm{OB}} = \vec{b}$，$\overrightarrow{\mathrm{OC}} = \vec{c}$ とおくと

$|\vec{a}| = |\vec{b}| = |\vec{c}|$ …①

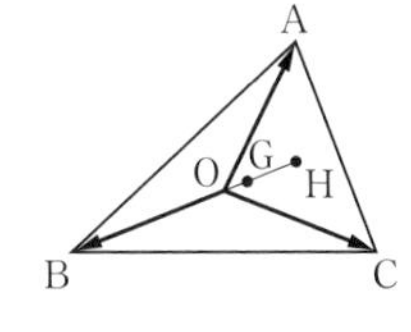

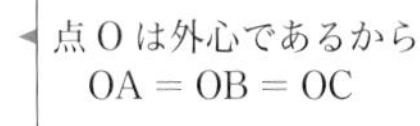

◀ 点 O は外心であるから OA = OB = OC

点 G は △ABC の重心であるから

$$\overrightarrow{\mathrm{OG}} = \frac{\vec{a}+\vec{b}+\vec{c}}{3}$$

よって $\overrightarrow{\mathrm{OH}} = 3\overrightarrow{\mathrm{OG}} = \vec{a}+\vec{b}+\vec{c}$ …②

◀ 3 点 O，G，H は一直線上にある。この直線をオイラー線という。

② より $\overrightarrow{\mathrm{AH}} = \overrightarrow{\mathrm{OH}}-\overrightarrow{\mathrm{OA}} = \vec{b}+\vec{c}$

また $\overrightarrow{\mathrm{BC}} = \overrightarrow{\mathrm{OC}}-\overrightarrow{\mathrm{OB}} = \vec{c}-\vec{b}$

◀ $\overrightarrow{\mathrm{AH}} \perp \overrightarrow{\mathrm{BC}}$ を示すために，$\overrightarrow{\mathrm{AH}}$，$\overrightarrow{\mathrm{BC}}$ を考える。

① より $\overrightarrow{\mathrm{AH}}\cdot\overrightarrow{\mathrm{BC}} = (\vec{b}+\vec{c})\cdot(\vec{c}-\vec{b})$

$= |\vec{c}|^2 - |\vec{b}|^2 = 0$

◀ ① より $|\vec{b}| = |\vec{c}|$

$\overrightarrow{\mathrm{AH}} \neq \vec{0}$，$\overrightarrow{\mathrm{BC}} \neq \vec{0}$ より $\overrightarrow{\mathrm{AH}} \perp \overrightarrow{\mathrm{BC}}$

同様に，$\overrightarrow{\mathrm{BH}} = \vec{a}+\vec{c}$ $(\neq \vec{0})$，$\overrightarrow{\mathrm{CA}} = \vec{a}-\vec{c}$ $(\neq \vec{0})$ であり

$\overrightarrow{\mathrm{BH}}\cdot\overrightarrow{\mathrm{CA}} = |\vec{a}|^2 - |\vec{c}|^2 = 0$

$\overrightarrow{\mathrm{BH}} \neq \vec{0}$，$\overrightarrow{\mathrm{CA}} \neq \vec{0}$ より $\overrightarrow{\mathrm{BH}} \perp \overrightarrow{\mathrm{CA}}$

また，$\overrightarrow{\mathrm{CH}} = \vec{a}+\vec{b}$ $(\neq \vec{0})$，$\overrightarrow{\mathrm{AB}} = \vec{b}-\vec{a}$ $(\neq \vec{0})$ であり

$\overrightarrow{\mathrm{CH}}\cdot\overrightarrow{\mathrm{AB}} = |\vec{b}|^2 - |\vec{a}|^2 = 0$

$\overrightarrow{\mathrm{CH}} \neq \vec{0}$，$\overrightarrow{\mathrm{AB}} \neq \vec{0}$ より $\overrightarrow{\mathrm{CH}} \perp \overrightarrow{\mathrm{AB}}$

よって AH ⊥ BC，BH ⊥ CA，CH ⊥ AB

したがって，点 H は，△ABC の垂心である。

◀ AH ⊥ BC，BH ⊥ CA の 2 つから点 H が垂心であると結論付けてもよい。

練習 27 直角三角形でない △ABC の外心を O，重心を G，$\overrightarrow{\mathrm{OH}} = \overrightarrow{\mathrm{OA}}+\overrightarrow{\mathrm{OB}}+\overrightarrow{\mathrm{OC}}$ とする。ただし，O，G，H はすべて異なる点であるとする。

(1) 点 H は △ABC の垂心であることを示せ。

(2) 3 点 O，G，H は一直線上にあり，OG : GH = 1 : 2 であることを示せ。

➡p.69 問題27

例題 28　直線の媒介変数表示

D
★☆☆☆

次の直線の方程式を媒介変数 t を用いて表せ。

(1)　点 A(2, −3) を通り，方向ベクトルが $\vec{d}=(-1,\ 4)$ である直線

(2)　2 点 B(−3, 1)，C(1, −2) を通る直線

思考のプロセス

媒介変数表示 … $\begin{cases} x = (t\text{ の式}) \\ y = (t\text{ の式}) \end{cases}$ … (＊) の形で表す。

段階的に考える

① 求める直線上の点を $P(\vec{p})$ とおき，ベクトル方程式を求める。
② $\vec{p}=(x,\ y)$ とおき，その他の位置ベクトルを成分表示する。
③ $(x,\ y)=($ t の式 $,$ t の式 $)$ にする。
④ (＊) の形で表す。
(2) 求める直線に平行なベクトル（方向ベクトル）を求める。

Action>> 点 $A(\vec{a})$ を通り $\vec{d}$ に平行な直線は，$\vec{p}=\vec{a}+t\vec{d}$ とせよ

解 (1)　$A(\vec{a})$ とし，直線上の点を $P(\vec{p})$ とすると，求める直線のベクトル方程式は　　$\vec{p}=\vec{a}+t\vec{d}$

ここで，$\vec{p}=(x,\ y)$ とおき，$\vec{a}=(2,\ -3)$，$\vec{d}=(-1,\ 4)$ を代入すると

$(x,\ y)=(2,\ -3)+t(-1,\ 4)=(-t+2,\ 4t-3)$

よって，求める直線の方程式は　$\begin{cases} x=-t+2 \\ y=4t-3 \end{cases}$

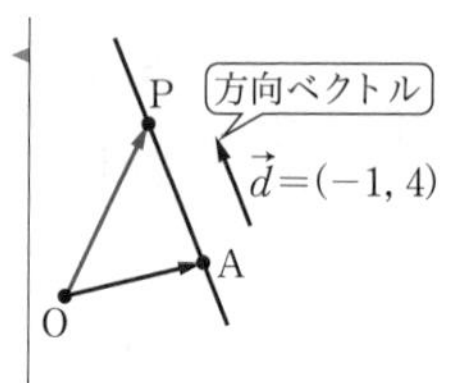

この 2 式から t を消去すると　$y=-4x+5$ となる。

(2)　$B(\vec{b})$ とする。求める直線の方向ベクトルは $\overrightarrow{BC}$ であるから，直線上の点を $P(\vec{p})$ とすると，求める直線のベクトル方程式は　　$\vec{p}=\vec{b}+t\overrightarrow{BC}$

ここで，$\vec{p}=(x,\ y)$ とおき，$\vec{b}=(-3,\ 1)$，$\overrightarrow{BC}=(1-(-3),\ -2-1)=(4,\ -3)$ を代入すると

$(x,\ y)=(-3,\ 1)+t(4,\ -3)=(4t-3,\ -3t+1)$

よって，求める直線の方程式は　$\begin{cases} x=4t-3 \\ y=-3t+1 \end{cases}$

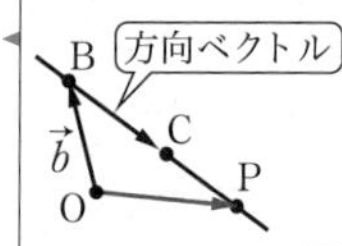

方向ベクトルを $\overrightarrow{CB}$ として，$\vec{p}=\vec{c}+t\overrightarrow{CB}$ とおいてもよい。

この 2 式から t を消去すると $3x+4y=-5$ となる。

Point....直線のベクトル方程式

(1)　点 $A(\vec{a})$ を通り，$\vec{d}$ に平行な直線　⟹　$\vec{p}=\vec{a}+t\vec{d}$

(2)　点 $A(\vec{a})$ を通り，$\vec{n}$ に垂直な直線　⟹　$\vec{n}\cdot(\vec{p}-\vec{a})=0$

(1) の $\vec{d}$ を直線の **方向ベクトル**，(2) の $\vec{n}$ を直線の **法線ベクトル** という。

練習 28　次の直線の方程式を媒介変数 t を用いて表せ。

(1)　点 A(5, −4) を通り，方向ベクトルが $\vec{d}=(1,\ -2)$ である直線

(2)　2 点 B(2, 4)，C(−3, 9) を通る直線

➡p.69 問題28

例題 29 直線のベクトル方程式

D 重要 ★★☆☆

平面上の異なる3点O，A($\vec{a}$)，B($\vec{b}$) において，次の直線を表すベクトル方程式を求めよ。ただし，O，A，B は一直線上にないものとする。
(1) 線分 OB の中点を通り，直線 AB に平行な直線
(2) 線分 AB を 2:1 に内分する点を通り，直線 AB に垂直な直線

思考のプロセス

数学IIの「図形と方程式」では，直線の方程式は**傾き**と**通る点**から求めた。

Action>> 直線のベクトル方程式は，通る点と方向（法線）ベクトルを考えよ

図で考える

(ア) 点Cを通り，直線 AB に平行な直線上の点Pは　$\overrightarrow{OP}=\overrightarrow{OC}+t\overrightarrow{AB}$
(イ) 点Cを通り，直線 AB に垂直な直線上の点Pは　$\overrightarrow{CP}\cdot\overrightarrow{AB}=0$
⟹ ベクトル方程式は $\vec{p}$，$\vec{a}$，$\vec{b}$，$\vec{c}$ で表す。

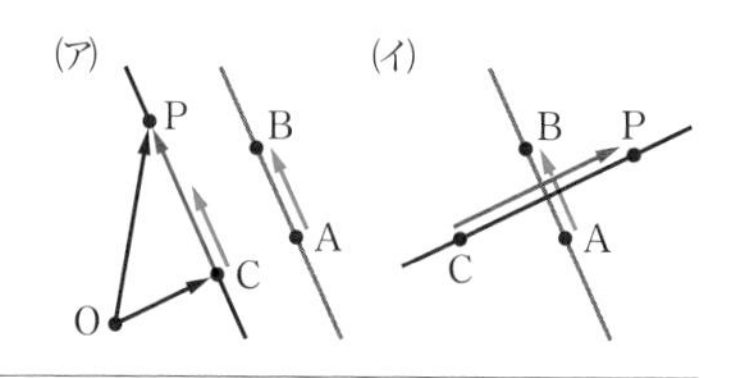

解 (1) 線分 OB の中点を M とする。
求める直線の方向ベクトルは $\overrightarrow{AB}$ であるから，求める直線上の点を P($\vec{p}$) とすると，t を媒介変数として　$\overrightarrow{OP}=\overrightarrow{OM}+t\overrightarrow{AB}$　…①

◀ 求める直線は，直線 AB に平行である。

ここで　$\overrightarrow{OP}=\vec{p}$，$\overrightarrow{OM}=\dfrac{1}{2}\vec{b}$，$\overrightarrow{AB}=\vec{b}-\vec{a}$

◀ $\overrightarrow{OM}=\dfrac{1}{2}\overrightarrow{OB}=\dfrac{1}{2}\vec{b}$
$\overrightarrow{AB}=\overrightarrow{OB}-\overrightarrow{OA}=\vec{b}-\vec{a}$

①に代入すると　$\vec{p}=\dfrac{1}{2}\vec{b}+t(\vec{b}-\vec{a})$

すなわち　$\boldsymbol{\vec{p}=-t\vec{a}+\dfrac{2t+1}{2}\vec{b}}$

(2) 線分 AB を 2:1 に内分する点を C とする。求める直線の法線ベクトルは $\overrightarrow{AB}$ であるから，求める直線上の点を P($\vec{p}$) とすると

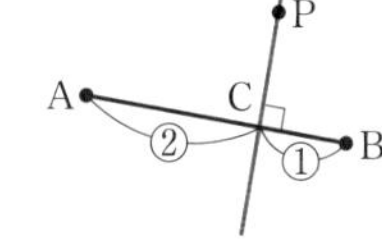

◀ 求める直線は，直線 AB に垂直である。

$\overrightarrow{CP}\cdot\overrightarrow{AB}=0$　…②

◀ $\overrightarrow{CP}\perp\overrightarrow{AB}$ または $\overrightarrow{CP}=\vec{0}$

ここで　$\overrightarrow{CP}=\overrightarrow{OP}-\overrightarrow{OC}=\vec{p}-\dfrac{\vec{a}+2\vec{b}}{3}$
$\overrightarrow{AB}=\overrightarrow{OB}-\overrightarrow{OA}=\vec{b}-\vec{a}$

②に代入すると　$\boldsymbol{\left(\vec{p}-\dfrac{\vec{a}+2\vec{b}}{3}\right)\cdot(\vec{b}-\vec{a})=0}$

◀ $(3\vec{p}-\vec{a}-2\vec{b})\cdot(\vec{b}-\vec{a})=0$ としてもよい。

練習 29 一直線上にない異なる3点 A($\vec{a}$)，B($\vec{b}$)，C($\vec{c}$) がある。線分 AB の中点を通り，直線 BC に平行な直線と垂直な直線のベクトル方程式をそれぞれ求めよ。

⇒p.69 問題29

Play Back 2　直線の方程式と直線のベクトル方程式

数学Ⅱの「図形と方程式」で学習した直線の方程式と，今回学習している直線のベクトル方程式はどう違うのですか。

$y=2x-1$ や $2x+y-7=0$ など，私たちがこれまで利用してきた直線の方程式は，その直線上の点 P の x 座標と y 座標の間に成り立つ関係を x と y の式で表したものです。
一方，ベクトル方程式は，直線上の点 P の位置ベクトル $\vec{p}$ が満たす式をベクトルを用いて表したものです。例えば，…

A(2, 3)，B(4, 7) を通る直線の方程式は

$y-3=\dfrac{7-3}{4-2}(x-2)$ より　　$\boldsymbol{y=2x-1}$ …①　（これが直線の方程式）

この直線上の点 $\mathrm{P}(\vec{p})$ が満たす式を考えると，点 $\mathrm{A}(\vec{a})$ を通り，
$\overrightarrow{\mathrm{AB}}=\vec{b}-\vec{a}$ に平行な直線であるから，
$\overrightarrow{\mathrm{OP}}=\overrightarrow{\mathrm{OA}}+t\overrightarrow{\mathrm{AB}}$ より

$$\vec{p}=\vec{a}+t(\vec{b}-\vec{a})=(1-t)\vec{a}+t\vec{b} \quad \cdots ②$$

（これが直線のベクトル方程式）

これを P(x, y) として成分表示すると，
$(x,\ y)=(2,\ 3)+t(2,\ 4)$ となり

$$\begin{cases} x=2t+2 \\ y=4t+3 \end{cases}$$

（これが直線の媒介変数表示）

t を消去すると，$y=2x-1$ となり，上の直線の方程式と一致します。

また，A(2, 3) を通り，$\vec{n}=(2,\ 1)$ に垂直な直線の方程式は，
傾きが -2 であるから

$y-3=-2(x-2)$ より　　$\boldsymbol{2x+y-7=0}$ …③　（これが直線の方程式）

この直線上の点 $\mathrm{P}(\vec{p})$ が満たす式を考えると，
$\overrightarrow{\mathrm{AP}}\perp\vec{n}$ または $\overrightarrow{\mathrm{AP}}=\vec{0}$ であるから，

$\overrightarrow{\mathrm{AP}}\cdot\vec{n}=0$ より　　$(\vec{p}-\vec{a})\cdot\vec{n}=0$ …④　（これが直線のベクトル方程式）

これを P(x, y) として，成分表示すると　　$2(x-2)+1(y-3)=0$
整理すると，$2x+y-7=0$ となり，上の直線の方程式と一致します。

このように，① と ②，③ と ④ はその直線上の点の x 座標，y 座標の関係式と，直線上の点の位置ベクトルの関係式という違いがありますが，どちらも同じ直線を表す式といえます。うまく使い分けましょう。

例題 30　円のベクトル方程式

D　重要
★★☆☆

3 つの定点 O，A($\vec{a}$)，B($\vec{b}$) と動点 P($\vec{p}$) がある。次のベクトル方程式で表される点 P はどのような図形をえがくか。

(1)　$|3\vec{p}-\vec{a}-2\vec{b}|=6$　　　(2)　$(\vec{p}-\vec{a})\cdot(\vec{p}+\vec{b})=0$

思考のプロセス

図で考える

円のベクトル方程式は 2 つの形がある。

(ア)　中心 C からの距離が一定 (r)

$\Longrightarrow |\overrightarrow{\mathrm{CP}}|=r \iff |\overrightarrow{\mathrm{OP}}-\overrightarrow{\mathrm{OC}}|=r$

(イ)　直径 AB に対する円周角は 90°

$\Longrightarrow \overrightarrow{\mathrm{AP}}\cdot\overrightarrow{\mathrm{BP}}=0 \iff (\overrightarrow{\mathrm{OP}}-\overrightarrow{\mathrm{OA}})\cdot(\overrightarrow{\mathrm{OP}}-\overrightarrow{\mathrm{OB}})=0$

これらの形になるように，式変形する。

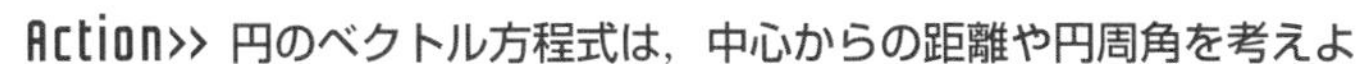

Action>> 円のベクトル方程式は，中心からの距離や円周角を考えよ

解 (1)　

$|3\vec{p}-\vec{a}-2\vec{b}|=6$ より　$\left|\vec{p}-\dfrac{\vec{a}+2\vec{b}}{3}\right|=2$

（例題 19）ここで，$\dfrac{\vec{a}+2\vec{b}}{3}=\overrightarrow{\mathrm{OC}}$ とすると，点 C は線分 AB を 2:1 に内分する点であり　$|\overrightarrow{\mathrm{OP}}-\overrightarrow{\mathrm{OC}}|=2$

すなわち，$|\overrightarrow{\mathrm{CP}}|=2$ であるから，点 P は点 C からの距離が 2 の点である。

よって，点 P は，**線分 AB を 2:1 に内分する点を中心とする半径 2 の円** をえがく。

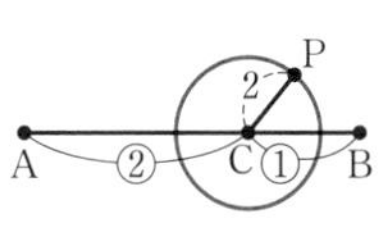

(2)　$(\vec{p}-\vec{a})\cdot(\vec{p}+\vec{b})=0$ より

$(\vec{p}-\vec{a})\cdot\{\vec{p}-(-\vec{b})\}=0$　　… ①

ここで，$-\vec{b}=\overrightarrow{\mathrm{OD}}$ とすると，

点 D は線分 OB を 1:2 に外分する点であり，① より

$(\overrightarrow{\mathrm{OP}}-\overrightarrow{\mathrm{OA}})\cdot(\overrightarrow{\mathrm{OP}}-\overrightarrow{\mathrm{OD}})=0$ となるから　$\overrightarrow{\mathrm{AP}}\cdot\overrightarrow{\mathrm{DP}}=0$

ゆえに，$\overrightarrow{\mathrm{AP}}=\vec{0}$　または　$\overrightarrow{\mathrm{DP}}=\vec{0}$　または　$\overrightarrow{\mathrm{AP}}\perp\overrightarrow{\mathrm{DP}}$

すなわち，点 P は点 A または点 D に一致するか，$\angle\mathrm{APD}=90°$ である。

したがって，**点 P は，線分 OB を 1:2 に外分する点 D に対し，線分 AD を直径とする円** をえがく。

◀ $|\vec{p}-\square|=r$ の形になるように変形する。
$\vec{p}$ の係数を 1 にするために，両辺を 3 で割る。

◀ $\overrightarrow{\mathrm{OC}}=\dfrac{\vec{a}+2\vec{b}}{2+1}$ より

◀ $(\vec{p}-\bigcirc)\cdot(\vec{p}-\triangle)=0$ の形をつくる。

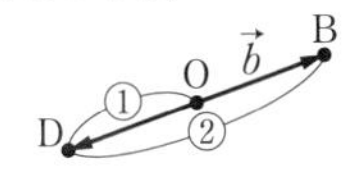

◀ $\vec{a}\cdot\vec{b}=0$ となるのは，$\vec{a}$，$\vec{b}$ のどちらかが $\vec{0}$ となるときもあることを忘れないようにする。

練習 30　3 つの定点 O，A($\vec{a}$)，B($\vec{b}$) と動点 P($\vec{p}$) がある。次のベクトル方程式で表される点 P はどのような図形をえがくか。

(1)　$|4\vec{p}-3\vec{a}-\vec{b}|=12$　　　(2)　$(2\vec{p}-\vec{a})\cdot(\vec{p}+\vec{b})=0$

➡ p.69　問題 30

例題 31　ベクトルと領域　★★☆☆

一直線上にない 3 点 O, A, B があり，実数 s, t が次の条件を満たすとき，$\overrightarrow{OP}=s\overrightarrow{OA}+t\overrightarrow{OB}$ で定められる点 P の存在する範囲を図示せよ。

(1)　$3s+2t=6$　　　(2)　$s+2t=3$, $s \geqq 0$, $t \geqq 0$

(3)　$s+\dfrac{1}{2}t \leqq 1$, $s \geqq 0$, $t \geqq 0$　　　(4)　$\dfrac{1}{2} \leqq s \leqq 1$, $0 \leqq t \leqq 2$

思考のプロセス

△OAB と点 P に対して，$\overrightarrow{OP}=●\overrightarrow{OA}+▲\overrightarrow{OB}$ を満たすとき，点 P の存在範囲は

(ア)　● + ▲ = 1　⟶ 直線 AB

(イ)　● + ▲ = 1, ● ≧ 0, ▲ ≧ 0　⟶ 線分 AB

(ウ)　● + ▲ ≦ 1, ● ≧ 0, ▲ ≧ 0　⟶ △OAB の周および内部

(エ)　0 ≦ ● ≦ 1, 0 ≦ ▲ ≦ 1　⟶ 平行四辺形 OACB の周および内部

($\overrightarrow{OC}=\overrightarrow{OA}+\overrightarrow{OB}$)

対応を考える

(1)　$3s+2t=6$　より　$\dfrac{1}{2}s+\dfrac{1}{3}t=1$　（右辺を 1 にする）

$s_1=\dfrac{1}{2}s$, $t_1=\dfrac{1}{3}t$ とおくと　$s_1+t_1=1$ ⟵ (ア) の形

$\overrightarrow{OP}=s\overrightarrow{OA}+t\overrightarrow{OB}=s_1(\square\overrightarrow{OA})+t_1(\square\overrightarrow{OB})$　（係数の和が 1）

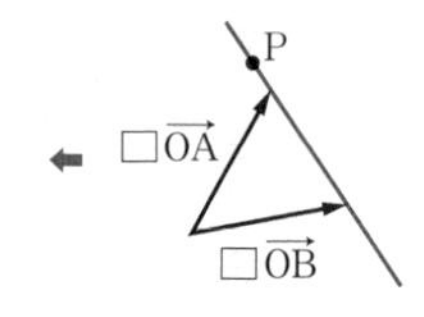

(2) も同様に　$s+2t=3$, $s \geqq 0$, $t \geqq 0$ ⟵ (イ) の形　（3 を 1 にしたい）

(3)　$s+\dfrac{1}{2}t \leqq 1$, $s \geqq 0$, $t \geqq 0$ ⟵ (ウ) の形　（1 なので変形不要）

Action>> $\overrightarrow{OP}=s\overrightarrow{OA}+t\overrightarrow{OB}$, $s+t=1$ ならば，点 P は直線 AB 上にあることを使え

解 (1)　$3s+2t=6$ より　$\dfrac{1}{2}s+\dfrac{1}{3}t=1$

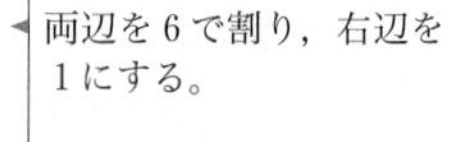

◀ 両辺を 6 で割り，右辺を 1 にする。

ここで，$s_1=\dfrac{1}{2}s$, $t_1=\dfrac{1}{3}t$ とおくと　$s_1+t_1=1$

また，$s=2s_1$, $t=3t_1$ であるから

$$\overrightarrow{OP}=2s_1\overrightarrow{OA}+3t_1\overrightarrow{OB}=s_1(2\overrightarrow{OA})+t_1(3\overrightarrow{OB})$$

ここで，$\overrightarrow{OA_1}=2\overrightarrow{OA}$, $\overrightarrow{OB_1}=3\overrightarrow{OB}$ とおくと

◀ 点 A_1 は線分 OA を 2:1 に外分する点であり，点 B_1 は線分 OB を 3:2 に外分する点である。

$$\overrightarrow{OP}=s_1\overrightarrow{OA_1}+t_1\overrightarrow{OB_1}$$

$$(s_1+t_1=1)$$

よって，点 P の存在範囲は，**右の図の直線 A_1B_1** である。

(2)　$s+2t=3$ より　$\dfrac{1}{3}s+\dfrac{2}{3}t=1$

◀ 両辺を 3 で割り，右辺を 1 にする。

ここで，$s_2=\dfrac{1}{3}s$, $t_2=\dfrac{2}{3}t$ とおくと

$s_2+t_2=1,\ s_2 \geqq 0,\ t_2 \geqq 0$

また，$s=3s_2,\ t=\dfrac{3}{2}t_2$ であるから

$$\overrightarrow{\mathrm{OP}}=3s_2\overrightarrow{\mathrm{OA}}+\frac{3}{2}t_2\overrightarrow{\mathrm{OB}}=s_2(3\overrightarrow{\mathrm{OA}})+t_2\left(\frac{3}{2}\overrightarrow{\mathrm{OB}}\right)$$

ここで，$\overrightarrow{\mathrm{OA_2}}=3\overrightarrow{\mathrm{OA}},\ \overrightarrow{\mathrm{OB_2}}=\dfrac{3}{2}\overrightarrow{\mathrm{OB}}$ とおくと

$$\overrightarrow{\mathrm{OP}}=s_2\overrightarrow{\mathrm{OA_2}}+t_2\overrightarrow{\mathrm{OB_2}}$$
$(s_2+t_2=1,\ s_2 \geqq 0,\ t_2 \geqq 0)$

よって，点Pの存在範囲は，
右の図の線分 $\mathbf{A_2B_2}$ である。

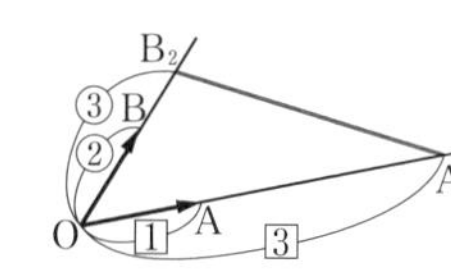

◀ $s \geqq 0,\ t \geqq 0$ より $s_2 \geqq 0,\ t_2 \geqq 0$

◀ 点 $\mathrm{A_2}$ は線分OAを3:2に外分する点であり，点 $\mathrm{B_2}$ は線分OBを3:1に外分する点である。

◀ $s_2 \geqq 0,\ t_2 \geqq 0$ であるから，線分となる。

(3) $t_3=\dfrac{1}{2}t$ とおくと，$s+\dfrac{1}{2}t \leqq 1,\ s \geqq 0,\ t \geqq 0$ より

$s+t_3 \leqq 1,\ s \geqq 0,\ t_3 \geqq 0$

また，$t=2t_3$ であるから

$$\overrightarrow{\mathrm{OP}}=s\overrightarrow{\mathrm{OA}}+2t_3\overrightarrow{\mathrm{OB}}=s\overrightarrow{\mathrm{OA}}+t_3(2\overrightarrow{\mathrm{OB}})$$

ここで，$\overrightarrow{\mathrm{OB_3}}=2\overrightarrow{\mathrm{OB}}$ とおくと

$$\overrightarrow{\mathrm{OP}}=s\overrightarrow{\mathrm{OA}}+t_3\overrightarrow{\mathrm{OB_3}}$$
$(s+t_3 \leqq 1,\ s \geqq 0,\ t_3 \geqq 0)$

よって，点Pの存在範囲は，**右の図の $\triangle \mathbf{OAB_3}$ の周および内部** である。

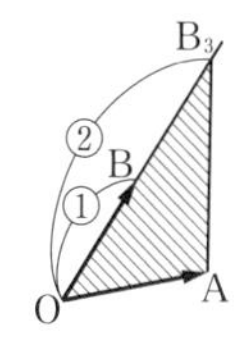

◀ 点 $\mathrm{B_3}$ は線分OBを2:1に外分する点である。

(4) $\dfrac{1}{2} \leqq s \leqq 1$ である s に対して，$\overrightarrow{\mathrm{OA_s}}=s\overrightarrow{\mathrm{OA}}$ とすると

$$\overrightarrow{\mathrm{OP}}=s\overrightarrow{\mathrm{OA}}+t\overrightarrow{\mathrm{OB}}=\overrightarrow{\mathrm{OA_s}}+t\overrightarrow{\mathrm{OB}}\ (0 \leqq t \leqq 2)$$

よって，点Pの存在範囲は，点 $\mathrm{A_s}$ を通り $\overrightarrow{\mathrm{OB}}$ を方向ベクトルとする直線のうち，$0 \leqq t \leqq 2$ の範囲の線分である。

さらに，$\dfrac{1}{2} \leqq s \leqq 1$ の範囲で s の値を変化させると，

求める点Pの存在範囲は

$$\overrightarrow{\mathrm{OA_4}}=\frac{1}{2}\overrightarrow{\mathrm{OA}},\ \overrightarrow{\mathrm{OB_4}}=2\overrightarrow{\mathrm{OB}},\ \overrightarrow{\mathrm{OC}}=\overrightarrow{\mathrm{OA}}+\overrightarrow{\mathrm{OB_4}},$$

$$\overrightarrow{\mathrm{OD}}=\overrightarrow{\mathrm{OA_4}}+\overrightarrow{\mathrm{OB_4}}$$

とおくとき，**右の図の平行四辺形 $\mathbf{ACDA_4}$ の周および内部** である。

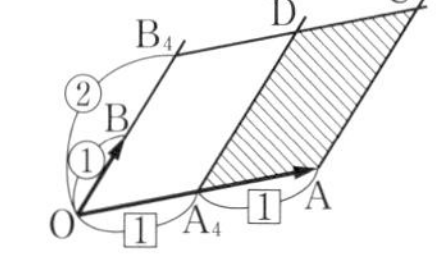

◀ まず，s を固定して考える。

◀ $\overrightarrow{\mathrm{OP}}=\overrightarrow{\mathrm{OA_s}}+t\overrightarrow{\mathrm{OB}}$ のとき，点Pは点 $\mathrm{A_s}$ を通り $\overrightarrow{\mathrm{OB}}$ に平行な直線上にある。

◀ ある s に対する点Pの存在範囲を調べたから，次に s を変化させて考える。

◀ 点 $\mathrm{A_4}$ は線分OAを1:1に内分する点(中点)であり，点 $\mathrm{B_4}$ は線分OBを2:1に外分する点である。

練習 31 一直線上にない3点O，A，Bがあり，実数 $s,\ t$ が次の条件を満たすとき，$\overrightarrow{\mathrm{OP}}=s\overrightarrow{\mathrm{OA}}+t\overrightarrow{\mathrm{OB}}$ で定められる点Pの存在する範囲を図示せよ。

(1) $2s+5t=10$　　(2) $3s+2t=2,\ s \geqq 0,\ t \geqq 0$

(3) $2s+3t \leqq 1,\ s \geqq 0,\ t \geqq 0$　　(4) $2 \leqq s \leqq 3,\ 3 \leqq t \leqq 4$

➡p.70 問題31

Play Back 3　ベクトル方程式が表す図形

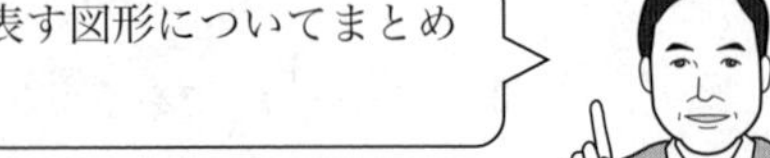

ここで，平面におけるベクトル方程式が表す図形についてまとめておきましょう。

一直線上にない 3 点 O，A，B と点 P に対して

$\overrightarrow{\mathrm{OA}}=\vec{a}$，$\overrightarrow{\mathrm{OB}}=\vec{b}$，$\overrightarrow{\mathrm{OP}}=\vec{p}$ とおくとき

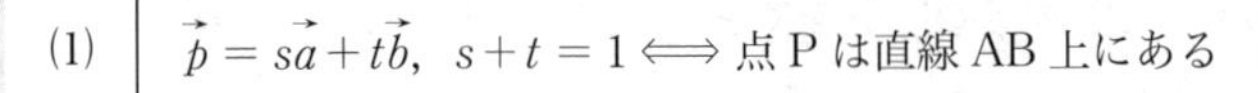

(1)　$\vec{p}=s\vec{a}+t\vec{b}$，$s+t=1 \iff$ 点 P は直線 AB 上にある

〔証明〕 $s+t=1$ より　　$s=1-t$

これを代入して　　$\vec{p}=(1-t)\vec{a}+t\vec{b}$

ゆえに　　$\vec{p}-\vec{a}=t(\vec{b}-\vec{a})$

よって　　$\overrightarrow{\mathrm{AP}}=t\overrightarrow{\mathrm{AB}}$

すなわち，点 P は直線 AB 上にある。これは逆も成り立つ。

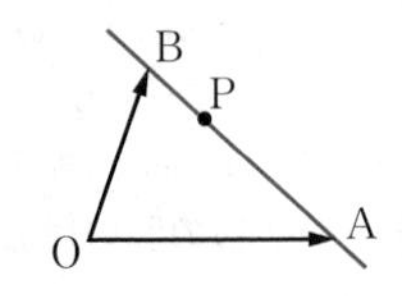

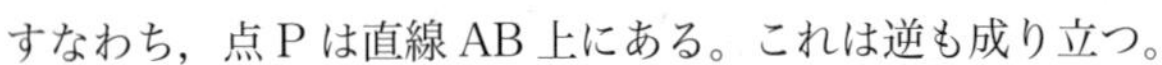

(2)　$\vec{p}=s\vec{a}+t\vec{b}$，$s+t=1$，$s \geqq 0$，$t \geqq 0 \iff$ 点 P は線分 AB 上にある

〔証明〕 (1) と同様に $\vec{p}=s\vec{a}+t\vec{b}$，$s+t=1$ より　$\overrightarrow{\mathrm{AP}}=t\overrightarrow{\mathrm{AB}}$

また，$s=1-t$，$s \geqq 0$，$t \geqq 0$ より　　$0 \leqq t \leqq 1$

よって　　$\overrightarrow{\mathrm{AP}}=t\overrightarrow{\mathrm{AB}}$，$0 \leqq t \leqq 1$

すなわち，点 P は線分 AB 上にある。これは逆も成り立つ。

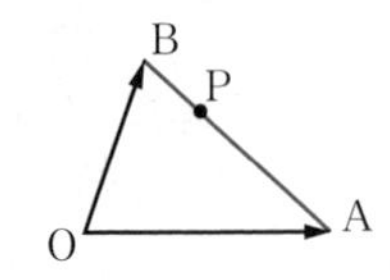

(3)　$\vec{p}=s\vec{a}+t\vec{b}$，$s+t \leqq 1$，$s \geqq 0$，$t \geqq 0$
$\iff$ 点 P は △OAB の周および内部にある

〔証明〕 $s+t=k$ とおくと，$0 \leqq k \leqq 1$ である。

$k \neq 0$ のとき　　$\vec{p}=\dfrac{s}{k}(k\vec{a})+\dfrac{t}{k}(k\vec{b})$，$\dfrac{s}{k} \geqq 0$，$\dfrac{t}{k} \geqq 0$，$\dfrac{s}{k}+\dfrac{t}{k}=1$

$k\vec{a}=\overrightarrow{\mathrm{OA}_k}$，$k\vec{b}=\overrightarrow{\mathrm{OB}_k}$ とおくと，(2) より点 P は AB と平行な線分 $\mathrm{A}_k\mathrm{B}_k$ 上にある。

さらに，k は $0<k \leqq 1$ の範囲で変化するから，点 A_k は O を除く線分 OA 上に，点 B_k は O を除く線分 OB 上にある。

また，$k=0$ のとき点 P は点 O と一致する。

以上のことから，点 P は △OAB の周および内部にある。

これは逆も成り立つ。

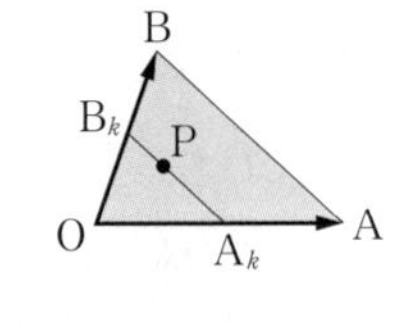

(4)　$\vec{p}=s\vec{a}+t\vec{b}$，$0 \leqq s \leqq 1$，$0 \leqq t \leqq 1$
$\iff$ 点 P は平行四辺形 OACB の周および内部にある

〔証明〕 $s\vec{a}=\overrightarrow{\mathrm{OA}_s}$ とおくと $\vec{p}=\overrightarrow{\mathrm{OA}_s}+t\vec{b}$，$0 \leqq t \leqq 1$

より，点 P は点 A_s を通り $\vec{b}$ に平行な直線のうち $0 \leqq t \leqq 1$ の範囲の線分上にある。

また，$0 \leqq s \leqq 1$ より点 A_s は線分 OA 上にあるから，点 P は平行四辺形 OACB の周および内部にある。

これは逆も成り立つ。

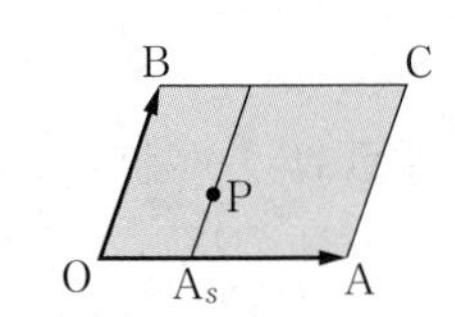

例題 32　2直線のなす角

D ★★☆☆

次の 2 直線 l_1，l_2 のなす角 θ（$0° \leqq \theta \leqq 90°$）を求めよ。

(1)　$l_1 : 3x-2y+1=0$　　$l_2 : x-5y=0$

(2)　$l_1 : \sqrt{3}x-y+2=0$　　$l_2 : -x+\sqrt{3}y-3=0$

思考のプロセス

見方を変える

数学Ⅱで学習したタンジェントの加法定理を用いて考えることもできるが，法線ベクトルを利用することもできる。

$ax+by+c=0$ の法線ベクトルの 1 つは $\vec{n}=(a,\ b)$

2 直線のなす角 θ ⟹ 2 つの法線ベクトルのなす角 α
└→ 内積の利用

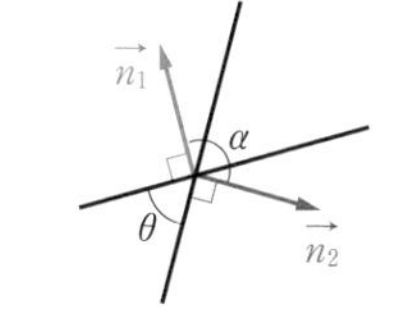

❗ $\theta=\alpha$ のときと $\theta=180°-\alpha$ の場合があり，$\begin{cases} 0 \leqq \alpha \leqq 90° & \text{のときは}\ \theta=\alpha, \\ 90° < \alpha & \text{のときは}\ \theta=180°-\alpha \end{cases}$

Action>> 2直線のなす角は，2つの法線ベクトルのなす角を調べよ

解 (1)　l_1, l_2 の法線ベクトルの 1 つをそれぞれ $\vec{n_1}$, $\vec{n_2}$ とすると

$\vec{n_1}=(3,\ -2)$,　$\vec{n_2}=(1,\ -5)$

◀ 直線 $ax+by+c=0$ の法線ベクトルの 1 つは $\vec{n}=(a,\ b)$

この 2 つのベクトルのなす角を α（$0° \leqq \alpha \leqq 180°$）とすると

$$\cos\alpha=\frac{3\times1+(-2)\times(-5)}{\sqrt{3^2+(-2)^2}\sqrt{1^2+(-5)^2}}=\frac{1}{\sqrt{2}}$$

◀ $\cos\alpha=\dfrac{\vec{n_1}\cdot\vec{n_2}}{|\vec{n_1}||\vec{n_2}|}$

ReAction 例題 11「2 つのベクトルのなす角は，内積の定義を利用せよ」

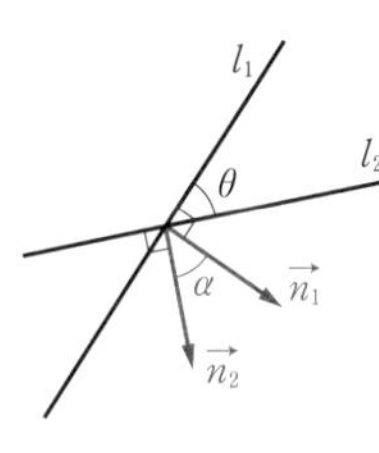

$0° \leqq \alpha \leqq 180°$ より　$\alpha=45°$

よって　$\boldsymbol{\theta=45°}$

◀ $0° \leqq \alpha \leqq 90°$ より，$\theta=\alpha$ となる。

(2)　l_1, l_2 の法線ベクトルの 1 つをそれぞれ $\vec{n_1}$, $\vec{n_2}$ とすると

$\vec{n_1}=(\sqrt{3},\ -1)$,　$\vec{n_2}=(-1,\ \sqrt{3})$

この 2 つのベクトルのなす角を α（$0° \leqq \alpha \leqq 180°$）とすると

$$\cos\alpha=\frac{\sqrt{3}\times(-1)+(-1)\times\sqrt{3}}{\sqrt{(\sqrt{3})^2+(-1)^2}\sqrt{(-1)^2+(\sqrt{3})^2}}=-\frac{\sqrt{3}}{2}$$

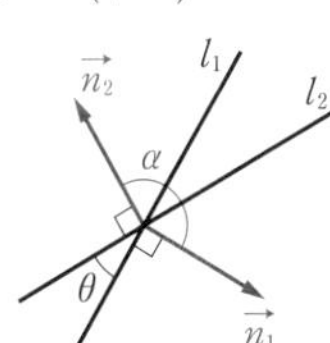

$0° \leqq \alpha \leqq 180°$ より　$\alpha=150°$

よって　$\theta=180°-\alpha=\boldsymbol{30°}$

◀ $90° < \alpha$ より $\theta=180°-\alpha$

練習 32　次の 2 直線 l_1，l_2 のなす角 θ（$0° \leqq \theta \leqq 90°$）を求めよ。

(1)　$l_1 : 2x-3y-1=0$　　$l_2 : 3x+2y+4=0$

(2)　$l_1 : x+5y-2=0$　　$l_2 : -3x-2y+1=0$

➡ p.70 問題32

平面上の位置ベクトル

▶▶解答編 p.36

19 ★★☆☆

四角形 ABCD において，辺 AD の中点を P，辺 BC の中点を Q とするとき，$\overrightarrow{\mathrm{PQ}}$ を $\overrightarrow{\mathrm{AB}}$ と $\overrightarrow{\mathrm{DC}}$ を用いて表せ。

20 ★★☆☆

△ABC の重心を G とするとき，次の等式が成り立つことを示せ。

$$\overrightarrow{\mathrm{GA}}+\overrightarrow{\mathrm{GB}}+\overrightarrow{\mathrm{GC}}=\vec{0}$$

21 ★★☆☆

3 点 A，B，C の位置ベクトルを $\vec{a}$，$\vec{b}$，$\vec{c}$ とし，2 つのベクトル $\vec{x}$，$\vec{y}$ を用いて，$\vec{a}=3\vec{x}+2\vec{y}$，$\vec{b}=\vec{x}-3\vec{y}$，$\vec{c}=m\vec{x}+(m+2)\vec{y}$（$m$ は実数）と表せるとする。このとき，3 点 A，B，C が一直線上にあるような実数 m の値を求めよ。ただし，$\vec{x}\neq\vec{0}$，$\vec{y}\neq\vec{0}$ で，$\vec{x}$ と $\vec{y}$ は平行でない。

22 ★★☆☆

平行四辺形 ABCD において，辺 BC を 1:2 に内分する点を E，辺 AD を 1:3 に内分する点を F とする。また，線分 BD と EF の交点を P，直線 AP と直線 CD の交点を Q とする。さらに，$\overrightarrow{\mathrm{AB}}=\vec{b}$，$\overrightarrow{\mathrm{AD}}=\vec{d}$ とおく。

(1) $\overrightarrow{\mathrm{AP}}$ を $\vec{b}$，$\vec{d}$ を用いて表せ。　(2) $\overrightarrow{\mathrm{AQ}}$ を $\vec{b}$，$\vec{d}$ を用いて表せ。

23 ★★★☆

正六角形 ABCDEF において，AE と BF の交点を P とする。
$\overrightarrow{\mathrm{AB}}=\vec{b}$，$\overrightarrow{\mathrm{AF}}=\vec{f}$ とするとき，$\overrightarrow{\mathrm{AP}}$ を $\vec{b}$，$\vec{f}$ で表せ。

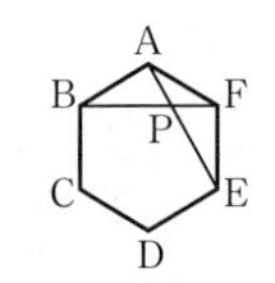

24 ★★★☆

△ABC において，等式 $3\overrightarrow{\mathrm{PA}}+m\overrightarrow{\mathrm{PB}}+2\overrightarrow{\mathrm{PC}}=\vec{0}$ を満たす点 P に対して，△PBC : △PAC : △PAB = 3 : 5 : 2 であるとき，正の数 m を求めよ。

25 ★★★☆
△OAB において，OA $= a$，OB $= b$，AB $= c$，$\overrightarrow{OA} = \vec{a}$，$\overrightarrow{OB} = \vec{b}$ とし，内心を I とするとき，$\overrightarrow{OI}$ を a，b，c および $\vec{a}$，$\vec{b}$ を用いて表せ。

26 ★★★☆
AB = 5，AC = 4，BC = 6 の △ABC の外心を O とする。
(1) 内積 $\overrightarrow{AB}\cdot\overrightarrow{AC}$ の値を求めよ。
(2) $\overrightarrow{AO}$ を $\overrightarrow{AB}$，$\overrightarrow{AC}$ を用いて表せ。また，線分 AO の長さを求めよ。

27 ★★★★
点 O を中心とする円に内接する △ABC の 3 辺 AB，BC，CA をそれぞれ 2:3 に内分する点を P，Q，R とする。△PQR の外心が点 O と一致するとき，△ABC はどのような三角形か。 （京都大）

28 ★★☆☆
点 $A(x_1,\ y_1)$ を通り，$\vec{d} = (1,\ m)$ に平行な直線 l の方程式を媒介変数 t を用いて表せ。また，この直線の方程式が $y - y_1 = m(x - x_1)$ で表されることを確かめよ。

29 ★★★☆
平面上の異なる 3 点 O，$A(\vec{a})$，$B(\vec{b})$ において，次の直線を表すベクトル方程式を求めよ。ただし，O，A，B は一直線上にないものとする。
(1) 線分 OA の中点と線分 AB を 3:2 に内分する点を通る直線
(2) 点 A を中心とする円上の点 B における接線

30 ★★★☆
3 つの定点 O，$A(\vec{a})$，$B(\vec{b})$ と動点 $P(\vec{p})$ がある。次のベクトル方程式で表される点 P はどのような図形上にあるか。
(1) $|2\vec{p} - \vec{b}| = |\vec{a} - \vec{b}|$ (2) $|\vec{p}|^2 = 2\vec{a}\cdot\vec{p}$

31 ★★★☆

平面上の2つのベクトル$\vec{a}$, $\vec{b}$が $|\vec{a}|=3$, $|\vec{b}|=4$, $\vec{a}\cdot\vec{b}=8$ を満たし，$\vec{p}=s\vec{a}+t\vec{b}$ (s, t は実数)，A($\vec{a}$)，B($\vec{b}$)，P($\vec{p}$)とする。s, t が次の条件を満たすとき，点Pがえがく図形の面積を求めよ。

(1) $s+t \leqq 1$, $s \geqq 0$, $t \geqq 0$　　(2) $0 \leqq s \leqq 2$, $1 \leqq t \leqq 2$

32 ★★★☆

2直線 $l_1 : x+y+1=0$, $l_2 : x+ay-3=0$ のなす角が60°であるとき，定数 a の値を求めよ。

定期テスト攻略 ▶ 3

▶▶解答編 p.46

1 平行四辺形 ABCD において，辺 AB を 2:1 に内分する点を E，対角線 BD を 1:3 に内分する点を F とする。

(1) $\overrightarrow{BA}=\vec{a}$，$\overrightarrow{BC}=\vec{c}$ とするとき，$\overrightarrow{EF}$ を $\vec{a}$，$\vec{c}$ で表せ。

(2) 3 点 E，F，C は一直線上にあることを証明せよ。

◀例題21

2 平行四辺形 ABCD において，対角線 BD を 3:4 に内分する点を E，辺 CD を 4:1 に外分する点を F，直線 AE と直線 CD の交点を G とする。$\overrightarrow{AB}=\vec{b}$，$\overrightarrow{AD}=\vec{d}$ とおくとき

(1) $\overrightarrow{AE}$ と $\overrightarrow{AF}$ を $\vec{b}$ と $\vec{d}$ を用いて表せ。

(2) $\overrightarrow{AG}$ を $\vec{b}$ と $\vec{d}$ を用いて表せ。

◀例題22

3 次の点 A を通り，$\vec{u}$ に平行な直線および垂直な直線の方程式を求めよ。

(1) A$(-3,\ 1)$，$\vec{u}=(2,\ -1)$　　(2) A$(1,\ -4)$，$\vec{u}=(0,\ 2)$

◀例題28, 29

4 平面上の 2 定点 O，A と動点 P に対し，次のベクトル方程式で表される点 P はどのような図形をえがくか。

(1) $|2\overrightarrow{OP}-\overrightarrow{OA}|=4$　　(2) $\overrightarrow{OP}\cdot(\overrightarrow{OP}-2\overrightarrow{OA})=0$

◀例題30

5 平面上に 3 点 O$(0,\ 0)$，A$(1,\ 2)$，B$(3,\ 1)$ がある。次の各場合に，$\overrightarrow{OP}=s\overrightarrow{OA}+t\overrightarrow{OB}$ で定められる点 P の存在する範囲を求めよ。

(1) $2s+3t=5$

(2) $2s+t\leqq 3$，$s\geqq 0$，$t\geqq 0$

◀例題31

まとめ 4　空間におけるベクトル

1　空間における座標

(1)　空間の座標

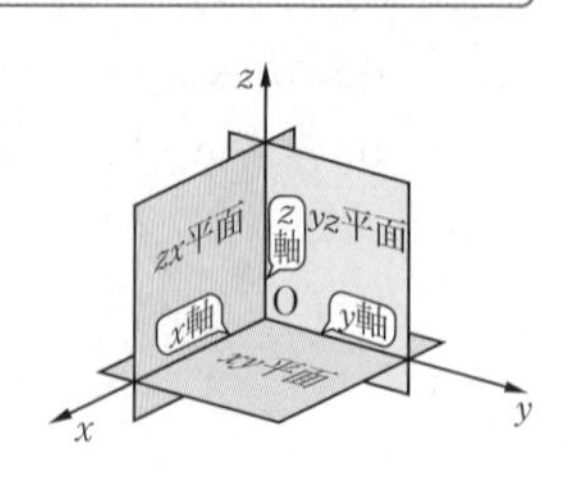

空間の座標は，空間内の1点Oで互いに直交する3本の**座標軸**によって定められる。

これらは，Oを原点とする数直線であり，それぞれを**x軸**，**y軸**，**z軸**といい，点Oを座標の**原点**という。

x軸とy軸によって定められる平面，y軸とz軸によって定められる平面，z軸とx軸によって定められる平面をそれぞれ**xy平面**，**yz平面**，**zx平面**といい，まとめて**座標平面**という。

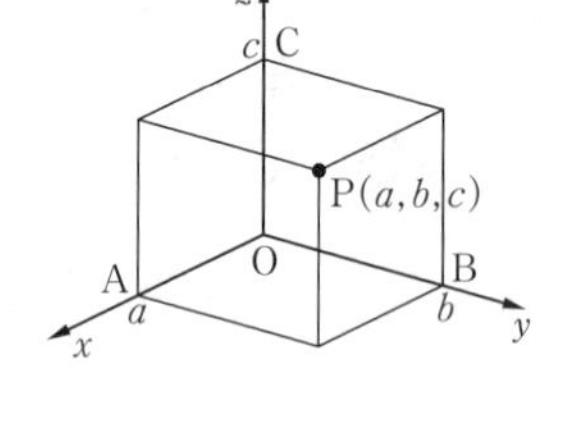

空間内の任意の点Pに対して，点Pを通り各座標平面に平行な平面が，それぞれx軸，y軸，z軸と交わる点をA，B，Cとする。点A，B，Cの各座標軸上での座標がそれぞれa，b，cであるとき，この3つの実数の組$(a,\ b,\ c)$を点Pの**座標**という。点Pの座標が$(a,\ b,\ c)$であることを，$\mathrm{P}(a,\ b,\ c)$と書く。

(2)　2点間の距離

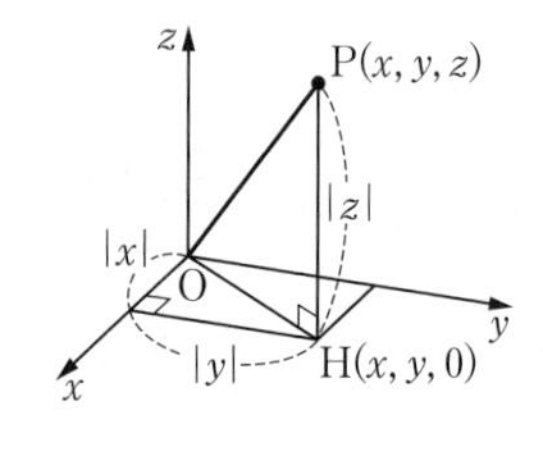

2点$\mathrm{A}(x_1,\ y_1,\ z_1)$，$\mathrm{B}(x_2,\ y_2,\ z_2)$間の距離は

$$\mathbf{AB}=\sqrt{(x_2-x_1)^2+(y_2-y_1)^2+(z_2-z_1)^2}$$

特に，原点Oと点$\mathrm{P}(x,\ y,\ z)$の距離は

$$\mathbf{OP}=\sqrt{x^2+y^2+z^2}$$

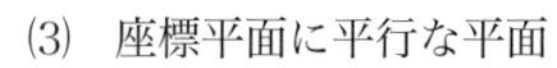

(3)　座標平面に平行な平面

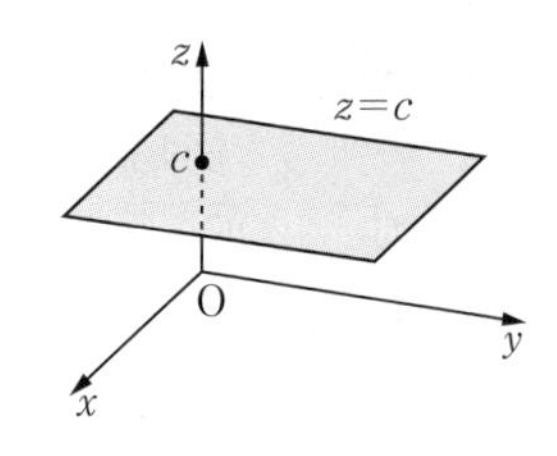

x軸との交点が$(a,\ 0,\ 0)$で，yz平面に平行な平面の方程式は　$x=a$

y軸との交点が$(0,\ b,\ 0)$で，zx平面に平行な平面の方程式は　$y=b$

z軸との交点が$(0,\ 0,\ c)$で，xy平面に平行な平面の方程式は　$z=c$

例　空間に3点$\mathrm{O}(0,\ 0,\ 0)$，$\mathrm{A}(2,\ -1,\ 3)$，$\mathrm{B}(1,\ -3,\ 1)$がある。

①　$\mathrm{AB}=\sqrt{(1-2)^2+\{-3-(-1)\}^2+(1-3)^2}=3$

　　$\mathrm{OA}=\sqrt{2^2+(-1)^2+3^2}=\sqrt{14}$

である。

②　点Aを通り，xy平面に平行な平面の方程式は　$z=3$

　　点Bを通り，yz平面に平行な平面の方程式は　$x=1$

である。

2 ｜空間におけるベクトル

平面上で考えたのと同様に，空間における有向線分について，その位置を問題にせず，向きと長さだけに着目したものを **空間のベクトル** という。

ベクトルの加法や実数倍の定義や法則などは，平面の場合と同様である。

(1) ベクトルの平行

$\vec{a} \neq \vec{0}$, $\vec{b} \neq \vec{0}$ のとき　$\boldsymbol{\vec{a} \parallel \vec{b}} \iff \boldsymbol{\vec{b} = k\vec{a}}$ **となる実数 k が存在する**

(2) ベクトルの1次独立

異なる4点O，A，B，Cが同一平面上にないとき，ベクトル $\vec{a}=\overrightarrow{\mathrm{OA}}$, $\vec{b}=\overrightarrow{\mathrm{OB}}$, $\vec{c}=\overrightarrow{\mathrm{OC}}$ は **1次独立** であるという。

このとき，空間の任意のベクトル $\vec{p}$ は $\boldsymbol{\vec{p}=l\vec{a}+m\vec{b}+n\vec{c}}$ の形にただ1通りに表される。ただし，l，m，n は実数である。

(3) ベクトルの成分

x 軸，y 軸，z 軸の正の向きと同じ向きの単位ベクトルを **基本ベクトル** といい，それぞれ $\vec{e_1}$，$\vec{e_2}$，$\vec{e_3}$ で表す。

A$(a_1,\ a_2,\ a_3)$ のとき，$\vec{a}=\overrightarrow{\mathrm{OA}}$ は次のように表される。

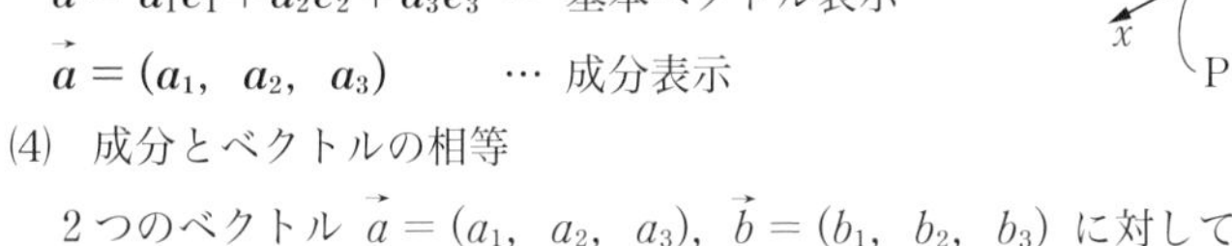

$\boldsymbol{\vec{a}=a_1\vec{e_1}+a_2\vec{e_2}+a_3\vec{e_3}}$ … 基本ベクトル表示

$\boldsymbol{\vec{a}=(a_1,\ a_2,\ a_3)}$ … 成分表示

(4) 成分とベクトルの相等

2つのベクトル $\vec{a}=(a_1,\ a_2,\ a_3)$, $\vec{b}=(b_1,\ b_2,\ b_3)$ に対して

$$\boldsymbol{\vec{a}=\vec{b} \iff a_1=b_1,\ a_2=b_2,\ a_3=b_3}$$

(5) ベクトルの大きさ

$\vec{a}=(a_1,\ a_2,\ a_3)$ のとき　$\boldsymbol{|\vec{a}|=\sqrt{a_1{}^2+a_2{}^2+a_3{}^2}}$

(6) 成分による演算

(ア) $(a_1,\ a_2,\ a_3)+(b_1,\ b_2,\ b_3)=(a_1+b_1,\ a_2+b_2,\ a_3+b_3)$

(イ) $(a_1,\ a_2,\ a_3)-(b_1,\ b_2,\ b_3)=(a_1-b_1,\ a_2-b_2,\ a_3-b_3)$

(ウ) $k(a_1,\ a_2,\ a_3)=(ka_1,\ ka_2,\ ka_3)$ （k は実数）

(7) 空間座標とベクトルの成分

A$(a_1,\ a_2,\ a_3)$，B$(b_1,\ b_2,\ b_3)$ のとき

$$\boldsymbol{\overrightarrow{\mathrm{AB}}=(b_1-a_1,\ b_2-a_2,\ b_3-a_3)}$$

$$\boldsymbol{|\overrightarrow{\mathrm{AB}}|=\sqrt{(b_1-a_1)^2+(b_2-a_2)^2+(b_3-a_3)^2}}$$

$|\overrightarrow{\mathrm{AB}}|$ は線分ABの長さを表している。

例 ① $\vec{a}=(1,\ 1,\ -4)$, $\vec{b}=(2,\ -3,\ 6)$ について

$|\vec{a}|=\sqrt{1^2+1^2+(-4)^2}=3\sqrt{2}$, $|\vec{b}|=\sqrt{2^2+(-3)^2+6^2}=7$ である。

また，$2\vec{a}-\vec{b}$ を成分表示すると

$$2\vec{a}-\vec{b}=2(1,\ 1,\ -4)-(2,\ -3,\ 6)$$
$$=(2,\ 2,\ -8)-(2,\ -3,\ 6)=(0,\ 5,\ -14)$$

② $A(2,\ 1,\ -2)$, $B(5,\ -3,\ -2)$ について

$\overrightarrow{AB}=(5-2,\ -3-1,\ -2-(-2))=(3,\ -4,\ 0)$ であるから

$|\overrightarrow{AB}|=\sqrt{3^2+(-4)^2+0^2}=5$ である。

3 | 空間のベクトルの内積

(1) ベクトルの内積

空間の $\vec{0}$ でない 2 つのベクトル $\vec{a}$ と $\vec{b}$ のなす角を θ ($0^\circ \leqq \theta \leqq 180^\circ$) とするとき

$$\boldsymbol{\vec{a}\cdot\vec{b}=|\vec{a}||\vec{b}|\cos\theta} \quad (\vec{a}=\vec{0} \text{ または } \vec{b}=\vec{0} \text{ のときは } \vec{a}\cdot\vec{b}=0 \text{ と定める})$$

(2) 空間のベクトルの成分と内積

$\vec{a}=(a_1,\ a_2,\ a_3)$, $\vec{b}=(b_1,\ b_2,\ b_3)$ のとき

(ア) $\boldsymbol{\vec{a}\cdot\vec{b}=a_1b_1+a_2b_2+a_3b_3}$

(イ) $\vec{a}\neq\vec{0}$, $\vec{b}\neq\vec{0}$ のとき，$\vec{a}$ と $\vec{b}$ のなす角を θ ($0^\circ \leqq \theta \leqq 180^\circ$) とすると

$$\boldsymbol{\cos\theta=\frac{\vec{a}\cdot\vec{b}}{|\vec{a}||\vec{b}|}=\frac{a_1b_1+a_2b_2+a_3b_3}{\sqrt{a_1{}^2+a_2{}^2+a_3{}^2}\sqrt{b_1{}^2+b_2{}^2+b_3{}^2}}}$$

また　$\boldsymbol{\vec{a}\perp\vec{b} \iff \vec{a}\cdot\vec{b}=a_1b_1+a_2b_2+a_3b_3=0}$

例 $\vec{a}=(1,\ 2,\ 5)$, $\vec{b}=(3,\ 1,\ -1)$ のとき

$$\vec{a}\cdot\vec{b}=1\times3+2\times1+5\times(-1)=0$$

また，$\vec{a}\neq\vec{0}$, $\vec{b}\neq\vec{0}$ であるから，$\vec{a}\perp\vec{b}$ である。

4 | 位置ベクトル

(1) 位置ベクトル

平面のときと同様に，空間においても定点 O をとると，点 P の位置は $\overrightarrow{OP}=\vec{p}$ によって定まる。このとき，$\vec{p}$ を点 O を基準とする点 P の **位置ベクトル** といい，$\mathbf{P(\vec{p})}$ と表す。2 点 $A(\vec{a})$, $B(\vec{b})$ に対して　$\boldsymbol{\overrightarrow{AB}=\vec{b}-\vec{a}}$

(2) 分点の位置ベクトル

2 点 $A(\vec{a})$, $B(\vec{b})$ について，線分 AB を $m:n$ に内分する点を $P(\vec{p})$ とすると

$$\boldsymbol{\vec{p}=\frac{n\vec{a}+m\vec{b}}{m+n}}$$

! $m:n$ に外分する点のときは，$m:(-n)$ に内分すると考える。

(3) 一直線上にあるための条件

3 点 A，B，C が一直線上にある

$\iff$ $\overrightarrow{\mathrm{AC}}=k\overrightarrow{\mathrm{AB}}$ となる実数 k が存在する

(4) 同一平面上にあるための条件

4 点 A，B，C，D が同一平面上にある

$\iff$ $\overrightarrow{\mathrm{AD}}=k\overrightarrow{\mathrm{AB}}+l\overrightarrow{\mathrm{AC}}$ となる実数 k，l が存在する

例 空間上の 3 点 A(1, −2, 0)，B(4, 1, −3)，C(0, −3, 1) について

(1) AB を 2:1 に内分する点を P とすると

$$\overrightarrow{\mathrm{OP}}=\frac{1\cdot\overrightarrow{\mathrm{OA}}+2\overrightarrow{\mathrm{OB}}}{2+1}=\frac{1}{3}\{(1,\ -2,\ 0)+2(4,\ 1,\ -3)\}$$

$$=\frac{1}{3}(9,\ 0,\ -6)=(3,\ 0,\ -2)$$

となるから P(3, 0, −2)

(2) $\overrightarrow{\mathrm{AB}}=(4-1,\ 1-(-2),\ -3-0)=(3,\ 3,\ -3)$

$\overrightarrow{\mathrm{AC}}=(0-1,\ -3-(-2),\ 1-0)=(-1,\ -1,\ 1)$

よって，$\overrightarrow{\mathrm{AC}}=-\dfrac{1}{3}\overrightarrow{\mathrm{AB}}$ が成り立つから，3 点 A，B，C は一直線上にある。

5 空間図形へのベクトルの応用

(1) 空間の直線の方程式

点 $\mathrm{A}(\vec{a})$ を通り，$\vec{u}$ ($\neq\vec{0}$) に平行な直線 l のベクトル方程式は $\vec{p}=\vec{a}+t\vec{u}$ （t は媒介変数）

$\vec{u}$ を直線 l の **方向ベクトル** という。

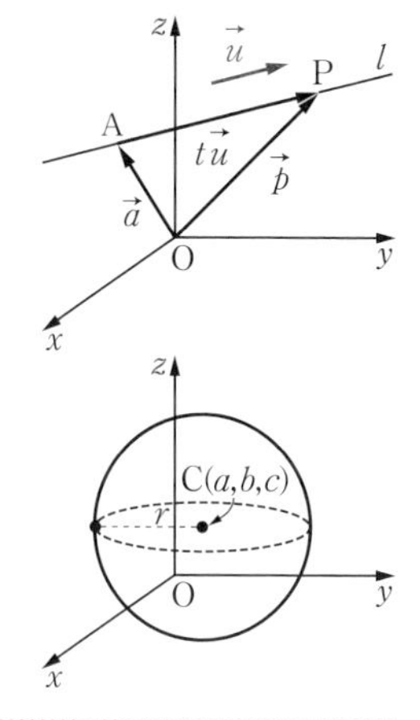

(2) 球の方程式

(ア) 点 $\mathrm{C}(\vec{c})$ を中心とし，半径 r の球のベクトル方程式は $|\vec{p}-\vec{c}|=r$

(イ) 点 C(a, b, c) を中心とする半径 r の球の方程式は

$$(x-a)^2+(y-b)^2+(z-c)^2=r^2$$

特に，原点 O を中心とする半径 r の球の方程式は

$$x^2+y^2+z^2=r^2$$

例 原点 O を中心とする半径 1 の球の方程式は

$$x^2+y^2+z^2=1$$

点 (1, −2, −3) を中心とする半径 $\sqrt{5}$ の球の方程式は

$$(x-1)^2+(y+2)^2+(z+3)^2=5$$

Quick Check 4

▶▶解答編 p.50

空間における座標

① 右の図のような直方体 OABC−DEFG がある。頂点 A, C, D の座標がそれぞれ A(2, 0, 0), C(0, 3, 0), D(0, 0, 4) のとき，次のものを求めよ。

(1) 頂点 B, E, F, G の座標

(2) 線分 OF の長さ

(3) 平面 ABFE，平面 FBCG，平面 DEFG の方程式

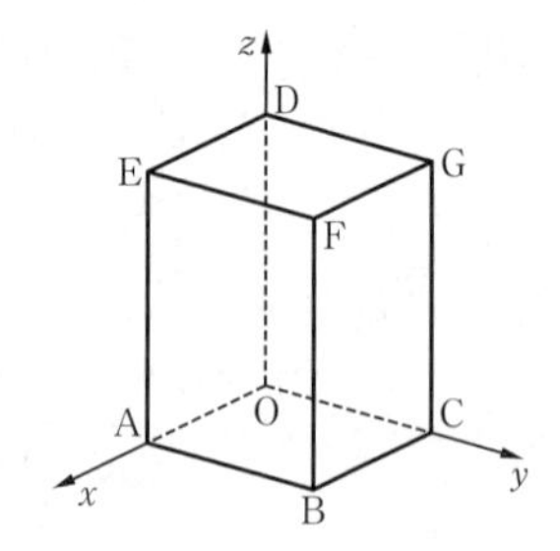

空間におけるベクトル

② $\vec{a}=(1,\ -1,\ 2)$, $\vec{b}=(2,\ -3,\ 1)$, $\vec{c}=(x,\ y,\ 6)$ について

(1) $\vec{a}$ および $\vec{b}$ の大きさを求めよ。

(2) $\vec{a}+\vec{b}$, $3\vec{a}-2\vec{b}$ を成分表示せよ。また，その大きさをそれぞれ求めよ。

(3) $\vec{a} /\!/ \vec{c}$ となるような x, y の値をそれぞれ求めよ。

空間のベクトルの内積

③ (1) $\vec{a}=(1,\ 2,\ 3)$, $\vec{b}=(3,\ -2,\ 2)$, $\vec{c}=(-1,\ 4,\ -2)$ について，内積 $\vec{a}\cdot\vec{b}$, $\vec{b}\cdot\vec{c}$, $\vec{c}\cdot\vec{a}$ の値をそれぞれ求めよ。

(2) $\vec{a}=(1,\ 0,\ 1)$, $\vec{b}=(-1,\ 1,\ 0)$ のなす角 θ $(0^\circ \leqq \theta \leqq 180^\circ)$ を求めよ。

(3) $\vec{a}=(5,\ -3,\ 4)$, $\vec{b}=(x,\ x-2,\ 1)$ について，$\vec{a}\perp\vec{b}$ のとき，x の値を求めよ。

位置ベクトル

④ 空間上の 3 点 A(2, 1, −3), B(−1, 4, 2), C(5, 4, −2) に対して，次の点の座標を求めよ。

(1) 線分 AB の中点 M

(2) 線分 AB を 1:2 に内分する点 D

(3) 線分 AB を 2:1 に外分する点 E

(4) △ABC の重心 G

空間図形へのベクトルの応用

⑤ 次の球の方程式を求めよ。

(1) 原点 O を中心とし，半径 3 の球

(2) 点 A(1, 2, 3) を中心とし，点 B(2, 0, −1) を通る球

例題 33 空間における対称点の座標 ★★☆☆

点 A(2, 3, 4) に対して，次の点の座標を求めよ。

(1) yz 平面，zx 平面に関してそれぞれ対称な点 B，C

(2) x 軸，y 軸に関してそれぞれ対称な点 D，E

(3) 原点に関して対称な点 F

(4) 平面 $x=1$ に関して対称な点 G

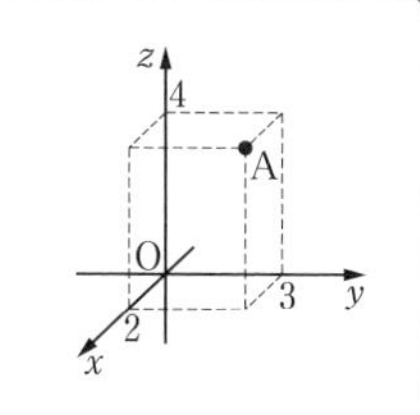

思考のプロセス

対応を考える

(1) xy 平面に関して対称

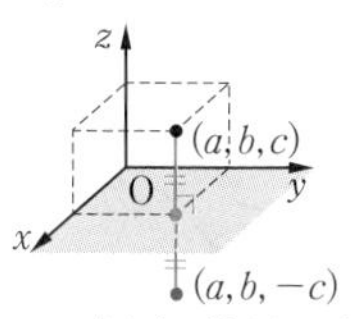

x，y 座標の符号は変わらない。

(2) y 軸に関して対称

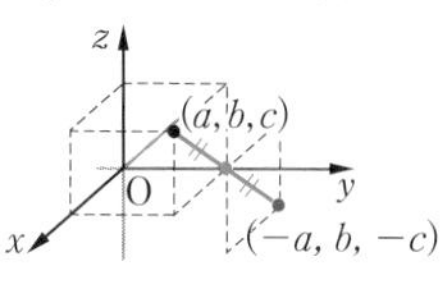

y 座標の符号は変わらない。

(3) 原点に関して対称

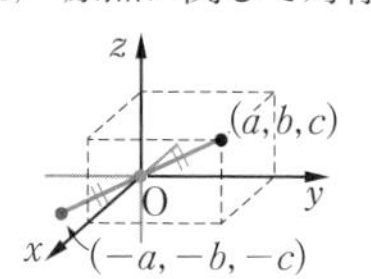

Action>> 座標軸，座標平面に関しての対称点は，各座標の符号に注意せよ

解 (1) 点 A から yz 平面，zx 平面に垂線 AP，AQ を下ろすと，
P(0, 3, 4)，Q(2, 0, 4) であるから

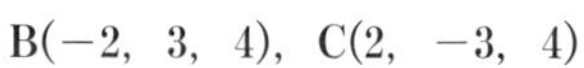

B(−2, 3, 4)，C(2, −3, 4)

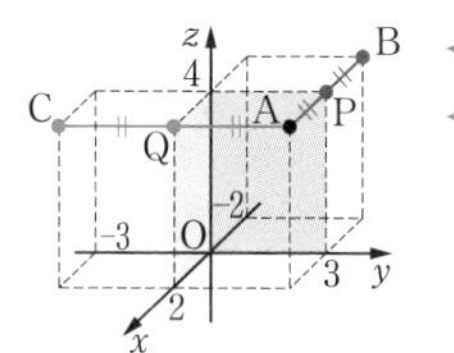

◀ yz 平面 $\iff$ 平面 $x=0$

◀ yz 平面に関して対称な点
⇨ x 座標の符号が変わる。
zx 平面に関して対称な点
⇨ y 座標の符号が変わる。

(2) 点 A から x 軸，y 軸に垂線 AR，AS を下ろすと，
R(2, 0, 0)，S(0, 3, 0) であるから

D(2, −3, −4)，E(−2, 3, −4)

◀ x 軸に関して対称な点
⇨ y，z 座標の符号が変わる。
y 軸に関して対称な点
⇨ x，z 座標の符号が変わる。

(3) AO = FO であるから　　**F(−2, −3, −4)**

◀ 原点に関して対称な点
⇨ x，y，z 座標すべての符号が変わる。

(4) 点 A から平面 $x=1$ に垂線 AT を下ろすと，
T(1, 3, 4) であるから

G(0, 3, 4)

◀ y，z 座標は変わらない。
求める x 座標を p とおくと　$\dfrac{2+p}{2}=1$

(2)

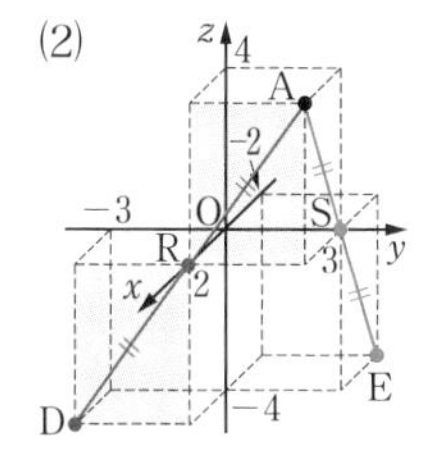

(3)

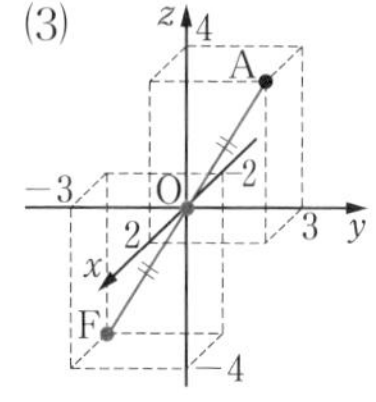

(4)

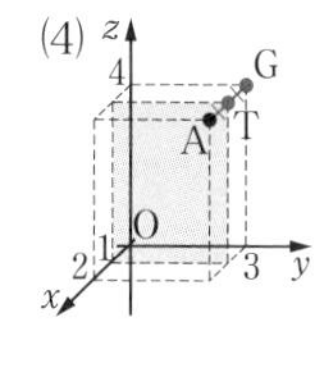

練習 33 次の平面，直線，点に関して，点 A(4, −2, 3) と対称な点の座標を求めよ。

(1) xy 平面　　(2) yz 平面　　(3) x 軸

(4) z 軸　　(5) 原点　　(6) 平面 $z=1$

➡ p.105 問題33

例題 34　空間における2点間の距離

D ★☆☆☆

3点 O(0, 0, 0), A(1, 2, 2), B(−1, 2, 3) に対して，次の点の座標を求めよ。

(1) 2点 A, B から等距離にある z 軸上の点 P

(2) 3点 O, A, B から等距離にある平面 $z=1$ 上にある点 Q

思考のプロセス

数学IIの「図形と方程式」で学習した考え方を空間にも応用して考える。

未知のものを文字でおく

(1) 点 P は z 軸上の点 ⟹ P(□, □, z) とおける。

点 P は A, B から等距離 ⟹ AP = BP

Action>> 距離に関する条件は，距離の2乗を利用せよ

(2) 点 Q は平面 $z=1$ の点 ⟹ Q(x, y, □) とおける。

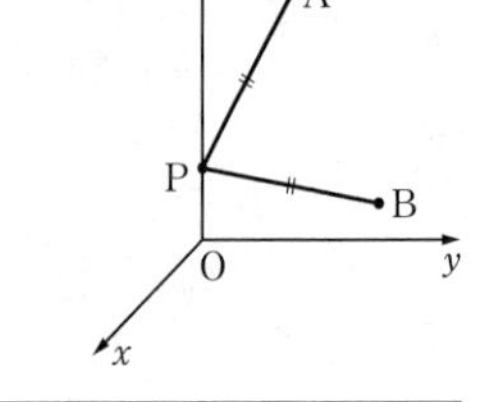

解 (1) 点 P は z 軸上にあるから，P(0, 0, z) とおける。

AP = BP であるから　$AP^2 = BP^2$　…①

$AP^2 = (0-1)^2 + (0-2)^2 + (z-2)^2$

$= z^2 - 4z + 9$

$BP^2 = \{0-(-1)\}^2 + (0-2)^2 + (z-3)^2$

$= z^2 - 6z + 14$

① より　$z^2 - 4z + 9 = z^2 - 6z + 14$

よって，$z = \dfrac{5}{2}$ であるから　$\mathbf{P}\left(0,\ 0,\ \dfrac{5}{2}\right)$

(2) 点 Q は平面 $z=1$ 上にあるから，Q(x, y, 1) とおける。

OQ = AQ = BQ であるから　$OQ^2 = AQ^2 = BQ^2$

$OQ^2 = x^2 + y^2 + 1^2 = x^2 + y^2 + 1$

$AQ^2 = (x-1)^2 + (y-2)^2 + (1-2)^2$

$= x^2 + y^2 - 2x - 4y + 6$

$BQ^2 = (x+1)^2 + (y-2)^2 + (1-3)^2$

$= x^2 + y^2 + 2x - 4y + 9$

$OQ^2 = AQ^2$ より　$2x + 4y - 5 = 0$　…②

$AQ^2 = BQ^2$ より　$4x + 3 = 0$　…③

②, ③ より　$x = -\dfrac{3}{4}$, $y = \dfrac{13}{8}$

よって　$\mathbf{Q}\left(-\dfrac{3}{4},\ \dfrac{13}{8},\ 1\right)$

◀ AP > 0, BP > 0 より
AP = BP ⟺ $AP^2 = BP^2$

◀ $z^2 - 4z + 9 = z^2 - 6z + 14$
より　$2z = 5$
よって　$z = \dfrac{5}{2}$

◀ $OQ^2 = AQ^2 = BQ^2$
$\iff \begin{cases} OQ^2 = AQ^2 \\ AQ^2 = BQ^2 \end{cases}$

◀ ③ より　$x = -\dfrac{3}{4}$
② に代入して　$y = \dfrac{13}{8}$

練習 34　3点 A(2, −3, 1), B(−1, −2, 5), C(0, 1, 3) について

(1) 2点 A, B から等距離にある y 軸上の点 P の座標を求めよ。

(2) 3点 A, B, C から等距離にある zx 平面上の点 Q の座標を求めよ。

➡ p.105 問題34

例題 35 空間のベクトルの分解

重要 ★☆☆☆

平行六面体 ABCD−EFGH において，
$\overrightarrow{AB}=\vec{a}$, $\overrightarrow{AD}=\vec{b}$, $\overrightarrow{AE}=\vec{c}$ とする。
(1) $\overrightarrow{FH}$, $\overrightarrow{AG}$, $\overrightarrow{FD}$ を，それぞれ $\vec{a}$, $\vec{b}$, $\vec{c}$ で表せ。
(2) $\overrightarrow{AG}+\overrightarrow{CE}=\overrightarrow{DF}+\overrightarrow{BH}$ が成り立つことを証明せよ。

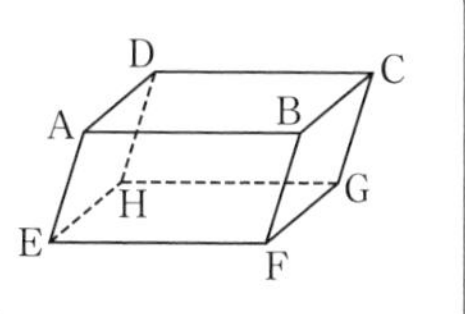

思考のプロセス

既知の問題に帰着

(1) 例題 4 の内容を空間に拡張した問題である。
3 組の向かい合う面が平行である六面体を**平行六面体**という。
① 図の中にある $\vec{a}$, $\vec{b}$, $\vec{c}$ に等しいベクトルを探す。
② それらやその逆ベクトルをつないで，求めるベクトルを表す。

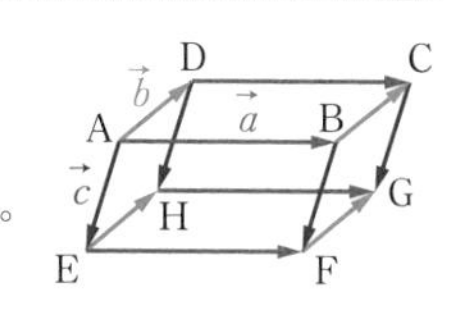

≪ReAction ベクトルの分解は，平行な辺を探して $\overrightarrow{AB}=\overrightarrow{AC}+\overrightarrow{CB}$ を使え ◀例題 4

(2) 平面ベクトル … $\vec{0}$ でなく平行でない 2 つのベクトルですべてのベクトルを表す。
空間ベクトル … $\vec{0}$ でなく同一平面にない 3 つのベクトルですべてのベクトルを表す。
1 次独立

(左辺) $=\overrightarrow{AG}+\overrightarrow{CE}=(\vec{a},\ \vec{b},\ \vec{c}$ の式)
(右辺) $=\overrightarrow{DF}+\overrightarrow{BH}=(\vec{a},\ \vec{b},\ \vec{c}$ の式)
一致することを示す。

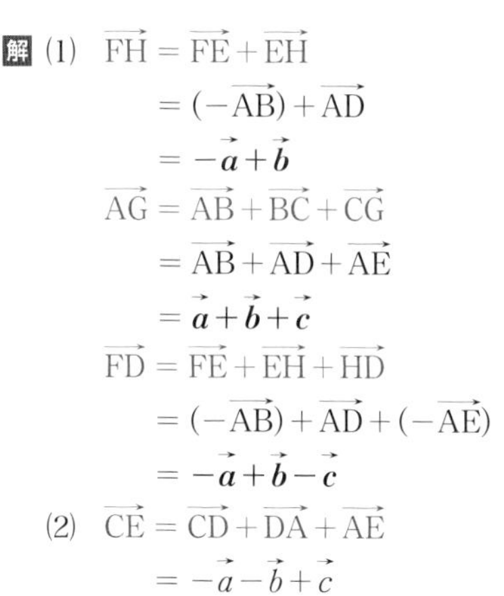

解 (1) $\overrightarrow{FH}=\overrightarrow{FE}+\overrightarrow{EH}$
$=(-\overrightarrow{AB})+\overrightarrow{AD}$
$=-\vec{a}+\vec{b}$

◀ $\overrightarrow{FH}=\overrightarrow{BD}=\overrightarrow{AD}-\overrightarrow{AB}$
$=\vec{b}-\vec{a}$
としてもよい。

$\overrightarrow{AG}=\overrightarrow{AB}+\overrightarrow{BC}+\overrightarrow{CG}$
$=\overrightarrow{AB}+\overrightarrow{AD}+\overrightarrow{AE}$
$=\vec{a}+\vec{b}+\vec{c}$

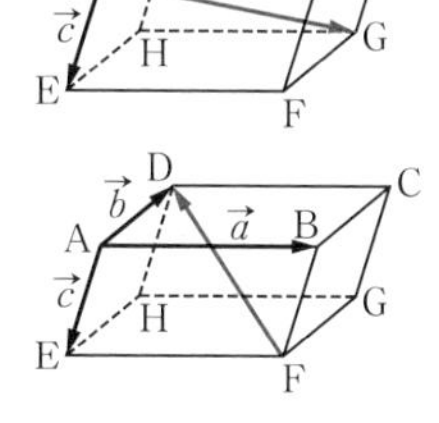

$\overrightarrow{FD}=\overrightarrow{FE}+\overrightarrow{EH}+\overrightarrow{HD}$
$=(-\overrightarrow{AB})+\overrightarrow{AD}+(-\overrightarrow{AE})$
$=-\vec{a}+\vec{b}-\vec{c}$

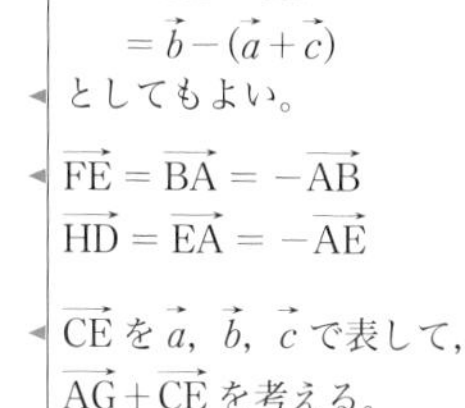

◀ $\overrightarrow{FD}=\overrightarrow{AD}-\overrightarrow{AF}$
$=\vec{b}-(\vec{a}+\vec{c})$
としてもよい。

◀ $\overrightarrow{FE}=\overrightarrow{BA}=-\overrightarrow{AB}$
$\overrightarrow{HD}=\overrightarrow{EA}=-\overrightarrow{AE}$

(2) $\overrightarrow{CE}=\overrightarrow{CD}+\overrightarrow{DA}+\overrightarrow{AE}$
$=-\vec{a}-\vec{b}+\vec{c}$

◀ $\overrightarrow{CE}$ を $\vec{a}$, $\vec{b}$, $\vec{c}$ で表して，$\overrightarrow{AG}+\overrightarrow{CE}$ を考える。

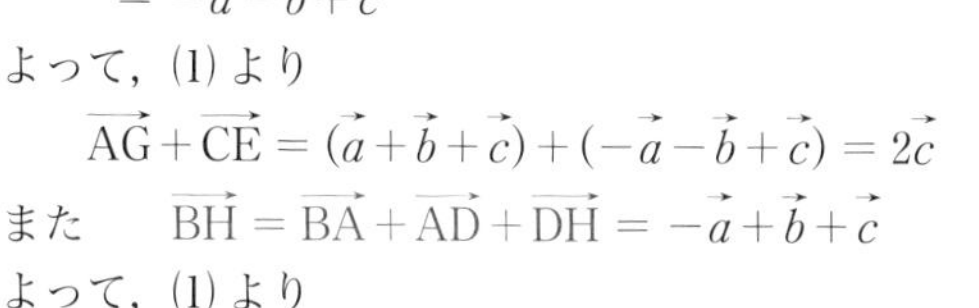

よって，(1) より
$\overrightarrow{AG}+\overrightarrow{CE}=(\vec{a}+\vec{b}+\vec{c})+(-\vec{a}-\vec{b}+\vec{c})=2\vec{c}$
また　$\overrightarrow{BH}=\overrightarrow{BA}+\overrightarrow{AD}+\overrightarrow{DH}=-\vec{a}+\vec{b}+\vec{c}$

◀ $\overrightarrow{BH}$ を $\vec{a}$, $\vec{b}$, $\vec{c}$ で表して，$\overrightarrow{DF}+\overrightarrow{BH}$ を考える。

よって，(1) より
$\overrightarrow{DF}+\overrightarrow{BH}=-(-\vec{a}+\vec{b}-\vec{c})+(-\vec{a}+\vec{b}+\vec{c})=2\vec{c}$

◀ $\overrightarrow{DF}=-\overrightarrow{FD}$

したがって　$\overrightarrow{AG}+\overrightarrow{CE}=\overrightarrow{DF}+\overrightarrow{BH}$

練習 35 平行六面体 ABCD―EFGH において，$\overrightarrow{AB}=\vec{a}$, $\overrightarrow{AD}=\vec{b}$, $\overrightarrow{AE}=\vec{c}$ とする。
このとき，次のベクトルを $\vec{a}$, $\vec{b}$, $\vec{c}$ で表せ。
(1) $\overrightarrow{CF}$　　(2) $\overrightarrow{HB}$　　(3) $\overrightarrow{EC}+\overrightarrow{AG}$

➡p.105 問題35

例題 36　空間のベクトルの成分による分解

★★☆☆

3つのベクトル $\vec{a}=(1,\ 2,\ -1)$，$\vec{b}=(-2,\ -3,\ 1)$，$\vec{c}=(-1,\ 2,\ 3)$ について，$\vec{p}=(1,\ 13,\ 6)$ を $l\vec{a}+m\vec{b}+n\vec{c}$ の形で表せ。

思考のプロセス

例題6(2)の内容を空間に拡張した問題である。

対応を考える

$\vec{a}=(a_1,\ a_2,\ a_3)$，$\vec{b}=(b_1,\ b_2,\ b_3)$ のとき　$\vec{a}=\vec{b} \iff \begin{cases} a_1=b_1 \\ a_2=b_2 \\ a_3=b_3 \end{cases}$

Action>> 2つのベクトルが等しいときは，x，y，z 成分がそれぞれ等しいとせよ

解　$l\vec{a}+m\vec{b}+n\vec{c}$

$=l(1,\ 2,\ -1)+m(-2,\ -3,\ 1)+n(-1,\ 2,\ 3)$

$=(l-2m-n,\ 2l-3m+2n,\ -l+m+3n)$

これが $\vec{p}$ に等しいから

$(1,\ 13,\ 6)=(l-2m-n,\ 2l-3m+2n,\ -l+m+3n)$

成分を比較すると

$$\begin{cases} l-2m-n=1 & \cdots ① \\ 2l-3m+2n=13 & \cdots ② \\ -l+m+3n=6 & \cdots ③ \end{cases}$$

①×2−② より　$-m-4n=-11$　…④

①＋③ より　$-m+2n=7$　…⑤

⑤−④ より　$6n=18$

よって　$n=3$

⑤に代入すると　$m=-1$

$n=3,\ m=-1$ を①に代入すると　$l=2$

したがって　$\boldsymbol{\vec{p}=2\vec{a}-\vec{b}+3\vec{c}}$

◀ベクトルの相等
$(a_1,\ a_2,\ a_3)=(b_1,\ b_2,\ b_3) \iff \begin{cases} a_1=b_1 \\ a_2=b_2 \\ a_3=b_3 \end{cases}$

◀文字を1つずつ消去する。ここではまず l を消去した。

Point.... ベクトルの1次結合

空間において，3つのベクトル $\vec{a}$，$\vec{b}$，$\vec{c}$ がいずれも $\vec{0}$ でなく，同一平面上にないとき，$\vec{a}$，$\vec{b}$，$\vec{c}$ は **1次独立** であるという。
$\vec{a}$，$\vec{b}$，$\vec{c}$ が1次独立のとき，空間の任意のベクトル $\vec{p}$ は $\vec{p}=l\vec{a}+m\vec{b}+n\vec{c}$ の形に，ただ1通りに表すことができる。また，$l\vec{a}+m\vec{b}+n\vec{c}$ の形の式を **$\vec{a}$，$\vec{b}$，$\vec{c}$ の1次結合** という。

練習 36　3つのベクトル $\vec{a}=(2,\ 0,\ 1)$，$\vec{b}=(-1,\ 3,\ 4)$，$\vec{c}=(3,\ -2,\ 2)$ について，$\vec{p}=(-10,\ 10,\ 3)$ を $l\vec{a}+m\vec{b}+n\vec{c}$ の形で表せ。

➡p.105 問題36

例題 37 空間のベクトルの成分と大きさ ★☆☆☆

3点 A(3, −2, 2), B(5, 1, −4), C(−1, 3, 1) において

(1) $\overrightarrow{AB}$ を成分表示し，その大きさ $|\overrightarrow{AB}|$ を求めよ。また，$\overrightarrow{AB}$ と同じ向きの単位ベクトルを成分表示せよ。

(2) $\overrightarrow{AD} = \overrightarrow{BC}$ となる点 D の座標を求めよ。

思考のプロセス

例題 7 の内容を空間に拡張した問題である。

(1) $A(a_1, a_2, a_3)$, $B(b_1, b_2, b_3)$ のとき

$\overrightarrow{AB} = \overrightarrow{OB} - \overrightarrow{OA} = (b_1 - a_1, b_2 - a_2, b_3 - a_3)$ ←— (終点)−(始点)

$|\overrightarrow{AB}| = \sqrt{(b_1 - a_1)^2 + (b_2 - a_2)^2 + (b_3 - a_3)^2}$

(2) **未知のものを文字でおく**

D(x, y, z) とおき，$\overrightarrow{AD}$, $\overrightarrow{BC}$ を成分で表す。

Action>> 成分表示されたベクトルの相等は，各成分がそれぞれ等しいとせよ

解 (1) $\overrightarrow{AB} = (5-3, 1-(-2), -4-2)$
$= (2, 3, -6)$

よって $|\overrightarrow{AB}| = \sqrt{2^2 + 3^2 + (-6)^2} = 7$

また，$\overrightarrow{AB}$ と同じ向きの単位ベクトルは

$$\frac{\overrightarrow{AB}}{|\overrightarrow{AB}|} = \frac{1}{7}(2, 3, -6) = \left(\frac{2}{7}, \frac{3}{7}, -\frac{6}{7}\right)$$

◀ ReAction 例題 7
「$\vec{a}$ と同じ向きの単位ベクトルは，$\dfrac{\vec{a}}{|\vec{a}|}$ とせよ」

(2) 点 D の座標を (x, y, z) とおく。

$\overrightarrow{AD} = (x-3, y-(-2), z-2)$
$= (x-3, y+2, z-2)$

$\overrightarrow{BC} = (-1-5, 3-1, 1-(-4))$
$= (-6, 2, 5)$

$\overrightarrow{AD} = \overrightarrow{BC}$ より

$(x-3, y+2, z-2) = (-6, 2, 5)$

成分を比較すると $\begin{cases} x-3 = -6 \\ y+2 = 2 \\ z-2 = 5 \end{cases}$

◀ ベクトルの相等
$(a_1, a_2, a_3) = (b_1, b_2, b_3)$
$\Longleftrightarrow \begin{cases} a_1 = b_1 \\ a_2 = b_2 \\ a_3 = b_3 \end{cases}$

$x = -3$, $y = 0$, $z = 7$ より **D(−3, 0, 7)**

練習 37 3点 A(−2, −1, 3), B(1, 0, 1), C(2, −3, 2) において

(1) $\overrightarrow{AB} + \overrightarrow{AC}$ を成分表示し，その大きさ $|\overrightarrow{AB} + \overrightarrow{AC}|$ を求めよ。

(2) $\overrightarrow{AB} = \overrightarrow{CD}$ となる点 D の座標を求めよ。

➡p.105 問題37

例題 38 空間のベクトルの大きさの最小値，平行条件 D ★★★☆

$\vec{a}=(-1,\ 2,\ 3)$，$\vec{b}=(1,\ -1,\ -1)$，$\vec{c}=(2,\ 3,\ 8)$ のとき
(1) $|\vec{a}+t\vec{b}|$ の最小値，およびそのときの実数 t の値を求めよ。
(2) $\vec{a}+t\vec{b}$ と $\vec{c}$ が平行となるとき，実数 t の値を求めよ。

思考のプロセス

例題 9 の内容を空間に拡張した問題である。

既知の問題に帰着

(1) $|\vec{a}+t\vec{b}|$ は $\sqrt{\ }$ を含む式となる。⟹ $|\vec{a}+t\vec{b}|^2$ の最小値から考える。
(2) 空間ベクトル …（成分は 1 つ増えるが）**平面ベクトルと同様の性質をもつ**

«ReAction $\vec{a}\parallel\vec{b}$ のときは，$\vec{b}=k\vec{a}$（k は実数）とおけ ◀例題 9

解 (1) $\vec{a}+t\vec{b}=(-1,\ 2,\ 3)+t(1,\ -1,\ -1)$
$=(-1+t,\ 2-t,\ 3-t)$

よって $|\vec{a}+t\vec{b}|^2=(-1+t)^2+(2-t)^2+(3-t)^2$
$=3t^2-12t+14$
$=3(t-2)^2+2$

◀ 2 乗して根号を外し，t の 2 次式 $|\vec{a}+t\vec{b}|^2$ の最小値を考える。

ゆえに，$t=2$ のとき，$|\vec{a}+t\vec{b}|^2$ は最小値 2 をとる。
このとき $|\vec{a}+t\vec{b}|$ も最小となり，最小値は $\sqrt{2}$
したがって，$|\vec{a}+t\vec{b}|$ は

$t=2$ のとき　最小値 $\sqrt{2}$

◀ $|\vec{a}+t\vec{b}|\geqq 0$ であるから，$|\vec{a}+t\vec{b}|^2$ が最小となるとき $|\vec{a}+t\vec{b}|$ も最小となる。

(2) $(\vec{a}+t\vec{b})\parallel\vec{c}$ となるとき，$\vec{a}+t\vec{b}=k\vec{c}$（$k$ は実数）とおける。
よって $(-1+t,\ 2-t,\ 3-t)=(2k,\ 3k,\ 8k)$

成分を比較すると $\begin{cases}-1+t=2k & \cdots ①\\ 2-t=3k & \cdots ②\\ 3-t=8k & \cdots ③\end{cases}$

①，② より　$t=\dfrac{7}{5}$，$k=\dfrac{1}{5}$
これらは ③ を満たす。
したがって　$t=\dfrac{7}{5}$

◀ ①，②，③ の 3 つの方程式をすべて満たす t，k の組を求めるから，①，② の 2 式から得られた t，k の値が ③ を満たすか確認しなければならない。

練習 38 $\vec{a}=(2,\ 3,\ 4)$，$\vec{b}=(3,\ 2,\ 1)$，$\vec{c}=(1,\ -1,\ -3)$ のとき
(1) $|\vec{a}+t\vec{b}|$ の最小値，およびそのときの実数 t の値を求めよ。
(2) $\vec{a}+t\vec{b}$ と $\vec{c}$ が平行となるとき，実数 t の値を求めよ。

➡p.105 問題38

例題 39　空間のベクトルの内積

D ★★☆☆

1辺の長さが a の立方体 ABCD−EFGH において，次の内積を求めよ。

(1) $\overrightarrow{AB}\cdot\overrightarrow{AC}$　　(2) $\overrightarrow{BD}\cdot\overrightarrow{BG}$

(3) $\overrightarrow{AH}\cdot\overrightarrow{EB}$　　(4) $\overrightarrow{EC}\cdot\overrightarrow{EG}$

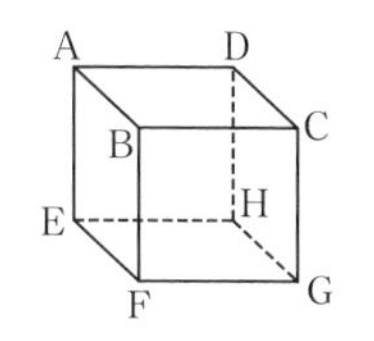

思考のプロセス

図で考える

例題 10 の内容を空間に拡張した問題である。

〔内積の定義〕平面と同様

$$\vec{a}\cdot\vec{b}=|\vec{a}||\vec{b}|\cos\theta$$

↑ $\vec{a}$ と $\vec{b}$ のなす角

«ReAction 内積は，ベクトルの大きさと始点をそろえてなす角を調べよ ◀例題 10

(3) 始点がそろっていないことに注意。

解 (1) $|\overrightarrow{AB}|=a$，$|\overrightarrow{AC}|=\sqrt{2}a$，

$\angle BAC=45^\circ$ であるから

$\overrightarrow{AB}\cdot\overrightarrow{AC}=a\times\sqrt{2}a\times\cos 45^\circ$

$=\boldsymbol{a^2}$

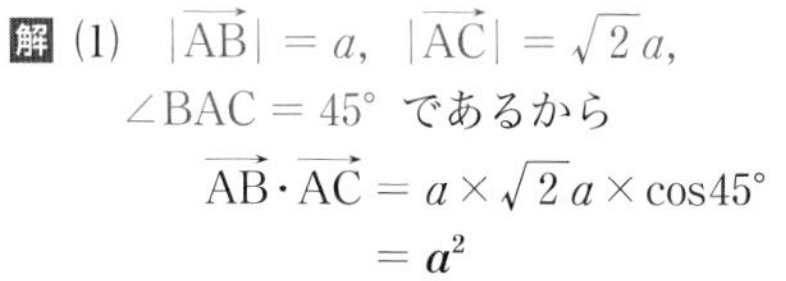
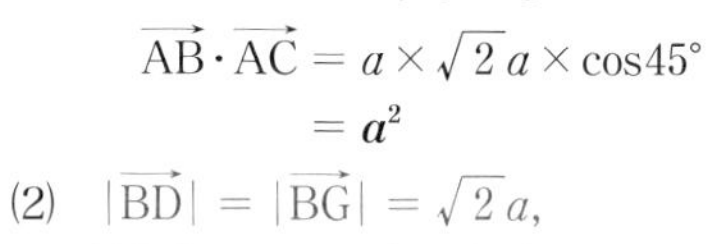
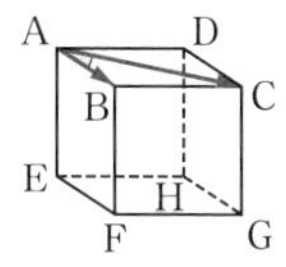

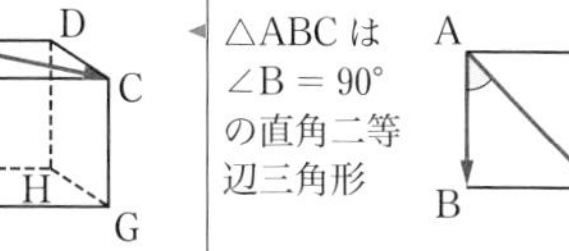

◀ △ABC は $\angle B=90^\circ$ の直角二等辺三角形

(2) $|\overrightarrow{BD}|=|\overrightarrow{BG}|=\sqrt{2}a$，

$\angle DBG=60^\circ$ であるから

$\overrightarrow{BD}\cdot\overrightarrow{BG}=\sqrt{2}a\times\sqrt{2}a\times\cos 60^\circ$

$=\boldsymbol{a^2}$

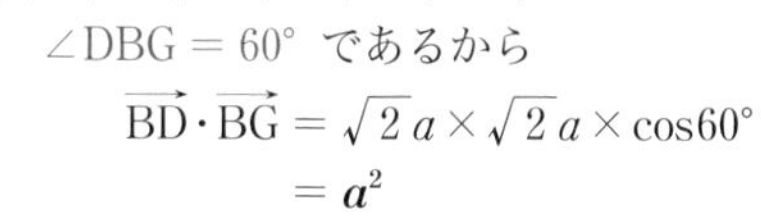
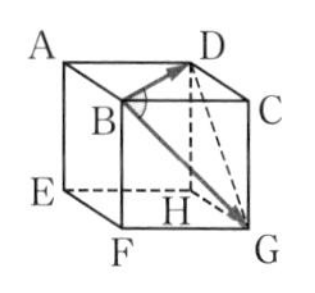

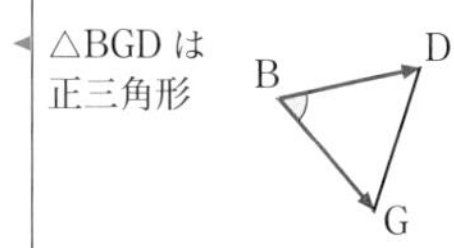

◀ △BGD は正三角形

(3) $|\overrightarrow{AH}|=|\overrightarrow{EB}|=\sqrt{2}a$，

$\overrightarrow{AH}$ と $\overrightarrow{EB}$ のなす角は 120° であるから

$\overrightarrow{AH}\cdot\overrightarrow{EB}=\sqrt{2}a\times\sqrt{2}a\times\cos 120^\circ$

$=\boldsymbol{-a^2}$

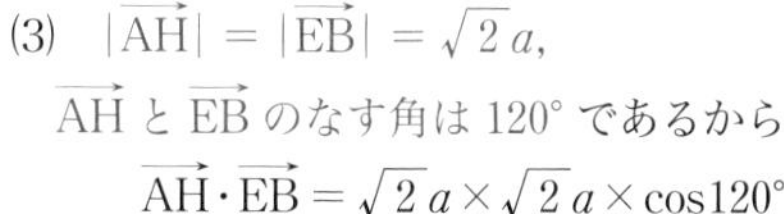
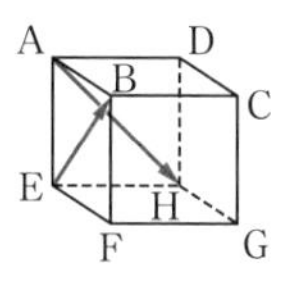

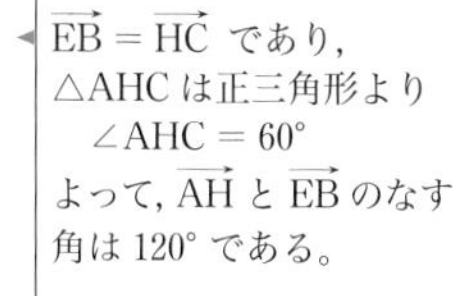

◀ $\overrightarrow{EB}=\overrightarrow{HC}$ であり，△AHC は正三角形より $\angle AHC=60^\circ$

よって，$\overrightarrow{AH}$ と $\overrightarrow{EB}$ のなす角は 120° である。

(4) $|\overrightarrow{EG}|=\sqrt{2}a$，

$|\overrightarrow{EC}|=\sqrt{EG^2+GC^2}=\sqrt{3}a$

△CEG において

$$\cos\angle CEG=\frac{\sqrt{2}a}{\sqrt{3}a}=\frac{\sqrt{6}}{3}$$

よって　$\overrightarrow{EC}\cdot\overrightarrow{EG}=\sqrt{3}a\times\sqrt{2}a\times\cos\angle CEG=\boldsymbol{2a^2}$

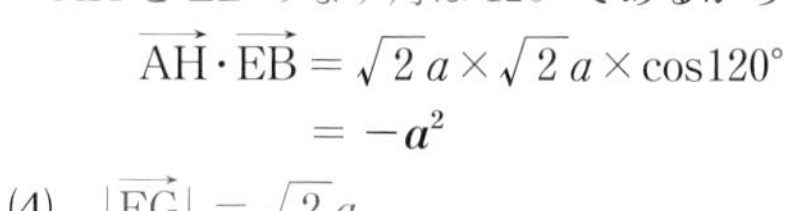
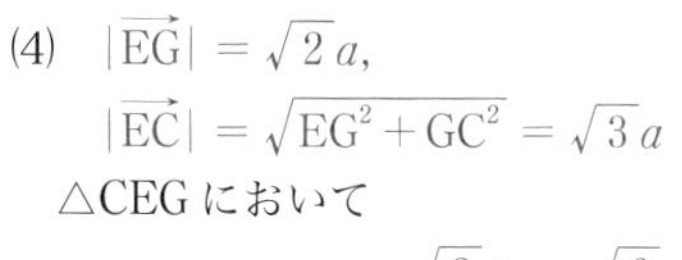
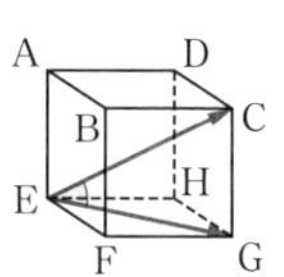

◀ △CEG で $\angle EGC=90^\circ$ より，三平方の定理を利用する。

◀ △CEG は直角三角形であるから $\cos\angle CEG=\dfrac{EG}{EC}$

練習 39 $AB=\sqrt{3}$，$AE=1$，$AD=1$ の直方体 ABCD−EFGH において，次の内積を求めよ。

(1) $\overrightarrow{AB}\cdot\overrightarrow{AF}$　(2) $\overrightarrow{AD}\cdot\overrightarrow{HG}$　(3) $\overrightarrow{ED}\cdot\overrightarrow{GF}$

(4) $\overrightarrow{EB}\cdot\overrightarrow{DG}$　(5) $\overrightarrow{AC}\cdot\overrightarrow{AF}$

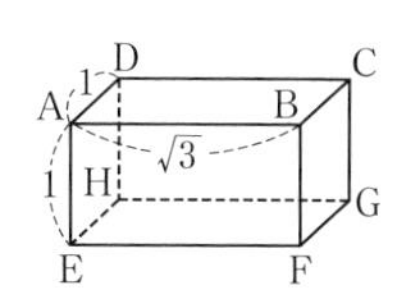

➡p.105 問題39

例題 40 空間のベクトルのなす角 ★★☆☆

〔1〕 次の 2 つのベクトルのなす角 θ ($0° \leqq \theta \leqq 180°$) を求めよ。

(1) $\vec{a}=(1,\ -1,\ 2)$, $\vec{b}=(-1,\ -2,\ 1)$

(2) $\vec{a}=(2,\ 1,\ 2)$, $\vec{b}=(-1,\ -1,\ 0)$

〔2〕 3 点 A$(1,\ -2,\ 3)$, B$(-2,\ -1,\ 1)$, C$(2,\ 0,\ 6)$ について, $\angle$BAC の大きさを求めよ。

思考のプロセス

例題 11 の内容を空間に拡張した問題である。

定義に戻る

≪ReAction 2つのベクトルのなす角は, 内積の定義を利用せよ ◀例題 11

〔1〕 $\vec{a}$ と $\vec{b}$ のなす角を θ とおくと $\cos\theta=\dfrac{\vec{a}\cdot\vec{b}}{|\vec{a}||\vec{b}|}$

解 〔1〕 (1) $\vec{a}\cdot\vec{b}=1\times(-1)+(-1)\times(-2)+2\times1=3$

$|\vec{a}|=\sqrt{1^2+(-1)^2+2^2}=\sqrt{6}$

$|\vec{b}|=\sqrt{(-1)^2+(-2)^2+1^2}=\sqrt{6}$

よって $\cos\theta=\dfrac{\vec{a}\cdot\vec{b}}{|\vec{a}||\vec{b}|}=\dfrac{3}{\sqrt{6}\sqrt{6}}=\dfrac{1}{2}$

$0° \leqq \theta \leqq 180°$ より $\boldsymbol{\theta=60°}$

(2) $\vec{a}\cdot\vec{b}=2\times(-1)+1\times(-1)+2\times0=-3$

$|\vec{a}|=\sqrt{2^2+1^2+2^2}=3$

$|\vec{b}|=\sqrt{(-1)^2+(-1)^2+0^2}=\sqrt{2}$

よって $\cos\theta=\dfrac{\vec{a}\cdot\vec{b}}{|\vec{a}||\vec{b}|}=\dfrac{-3}{3\sqrt{2}}=-\dfrac{1}{\sqrt{2}}$

$0° \leqq \theta \leqq 180°$ より $\boldsymbol{\theta=135°}$

〔2〕 $\overrightarrow{AB}=(-2-1,\ -1+2,\ 1-3)=(-3,\ 1,\ -2)$

$\overrightarrow{AC}=(2-1,\ 0+2,\ 6-3)=(1,\ 2,\ 3)$ より

$\overrightarrow{AB}\cdot\overrightarrow{AC}=(-3)\times1+1\times2+(-2)\times3=-7$

$|\overrightarrow{AB}|=\sqrt{(-3)^2+1^2+(-2)^2}=\sqrt{14}$

$|\overrightarrow{AC}|=\sqrt{1^2+2^2+3^2}=\sqrt{14}$

よって $\cos\angle\mathrm{BAC}=\dfrac{\overrightarrow{AB}\cdot\overrightarrow{AC}}{|\overrightarrow{AB}||\overrightarrow{AC}|}=\dfrac{-7}{\sqrt{14}\sqrt{14}}=-\dfrac{1}{2}$

$0° \leqq \angle\mathrm{BAC} \leqq 180°$ より $\boldsymbol{\angle\mathrm{BAC}=120°}$

◀ $\vec{a}=(a_1,\ a_2,\ a_3)$, $\vec{b}=(b_1,\ b_2,\ b_3)$ のとき $\vec{a}\cdot\vec{b}=a_1b_1+a_2b_2+a_3b_3$, $|\vec{a}|=\sqrt{a_1{}^2+a_2{}^2+a_3{}^2}$

◀ベクトルのなす角 θ は $0° \leqq \theta \leqq 180°$ で答える。

◀ $\angle$BAC は $\overrightarrow{AB}$ と $\overrightarrow{AC}$ のなす角であるから, まず $\overrightarrow{AB}$, $\overrightarrow{AC}$ を求める。

練習 40 〔1〕 次の 2 つのベクトルのなす角 θ ($0° \leqq \theta \leqq 180°$) を求めよ。

(1) $\vec{a}=(-3,\ 1,\ 2)$, $\vec{b}=(2,\ -3,\ 1)$

(2) $\vec{a}=(1,\ -1,\ 2)$, $\vec{b}=(2,\ 0,\ -1)$

〔2〕 3 点 A$(2,\ 3,\ 1)$, B$(4,\ 5,\ 5)$, C$(4,\ 3,\ 3)$ について, $\triangle$ABC の面積を求めよ。

➡p.105 問題40

例題 41　空間のベクトルの垂直条件

D　重要　★★☆☆

2つのベクトル $\vec{a}=(2,\ -1,\ 4)$，$\vec{b}=(1,\ 0,\ 1)$ の両方に垂直で，大きさが6のベクトルを求めよ。

思考のプロセス

例題13の内容を空間に拡張した問題である。

未知のものを文字でおく

$\vec{p}=(x,\ y,\ z)$ とおくと $\begin{cases}\vec{a}\perp\vec{p}\\ \vec{b}\perp\vec{p}\\ |\vec{p}|=6\end{cases}$ 連立して，x，y，z を求める。

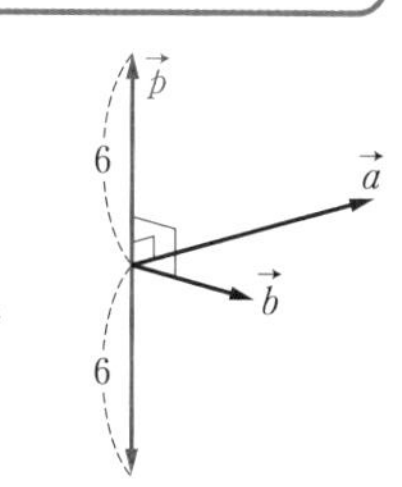

垂直条件も，平面ベクトルと同様である。

≪ReAction $\vec{a}\perp\vec{b}$ のときは，$\vec{a}\cdot\vec{b}=0$ とせよ ◀例題13

解 求めるベクトルを $\vec{p}=(x,\ y,\ z)$ とおく。

$\vec{a}\perp\vec{p}$ より　　$\vec{a}\cdot\vec{p}=2x-y+4z=0$　　…①

$\vec{b}\perp\vec{p}$ より　　$\vec{b}\cdot\vec{p}=x+z=0$　　…②

$|\vec{p}|=6$ より　　$|\vec{p}|^2=x^2+y^2+z^2=36$　　…③

② より　　$z=-x$　　…④

これを ① に代入して整理すると　　$y=-2x$　　…⑤

④，⑤ を ③ に代入すると

$$x^2+(-2x)^2+(-x)^2=36$$

$x^2=6$ より　　$x=\pm\sqrt{6}$

④，⑤ より

$x=\sqrt{6}$ のとき　　$y=-2\sqrt{6}$，$z=-\sqrt{6}$

$x=-\sqrt{6}$ のとき　　$y=2\sqrt{6}$，$z=\sqrt{6}$

したがって，求めるベクトルは

$$(\sqrt{6},\ -2\sqrt{6},\ -\sqrt{6}),\ (-\sqrt{6},\ 2\sqrt{6},\ \sqrt{6})$$

◀ $\vec{a}\neq\vec{0}$，$\vec{p}\neq\vec{0}$ のとき $\vec{a}\perp\vec{p}\Longleftrightarrow\vec{a}\cdot\vec{p}=0$

◀ $|\vec{p}|=\sqrt{x^2+y^2+z^2}$

◀ ①，② から，x，y，z のいずれか1文字で残りの2文字を表す。ここでは，y と z をそれぞれ x の式で表した。

◀ 2つのベクトルは互いに逆ベクトルである。

Point....直線と平面の垂直

直線 l が平面 α 上のすべての直線と垂直であるとき，直線 l は平面 α に垂直であるといい，$l\perp\alpha$ と表す。

一般に，直線 l が平面 α 上の平行でない2直線 m，n に垂直ならば，l は α と垂直である。

例題41では，$\vec{a}=\overrightarrow{OA}$，$\vec{b}=\overrightarrow{OB}$ とすると，$\vec{p}$ は平面OABに垂直なベクトルである。

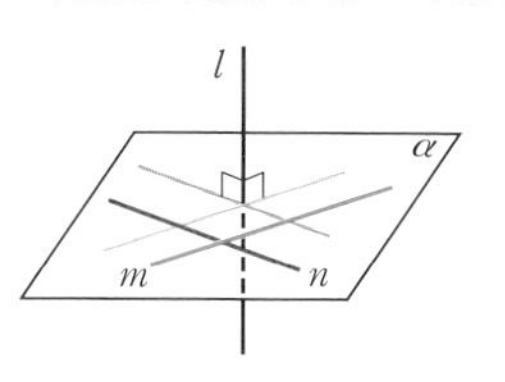

練習 41 2つのベクトル $\vec{a}=(1,\ 2,\ 4)$，$\vec{b}=(2,\ 1,\ -1)$ の両方に垂直で，大きさが $2\sqrt{7}$ のベクトルを求めよ。

➡p.106 問題41

D

Go Ahead 1　与えられたベクトルに垂直なベクトル

例題41のような，与えられたベクトルに垂直なベクトルを求める問題はよく目にします。ここでは，この垂直なベクトルの簡単な求め方について学習しましょう。

まず，平面ベクトルについて次のことが成り立ちます。

> $\vec{p}=(a,\ b)$ $(\vec{p}\neq\vec{0})$ に垂直なベクトルの1つは　　$\boldsymbol{\vec{n}=(b,\ -a)}$

実際，$\vec{p}\cdot\vec{n}=a\times b+b\times(-a)=0$ となり，$\vec{p}\perp\vec{n}$ であることが分かります。
このことを利用すると，次のような問題を簡単に解くことができます。(⇨例題13参照)

問題　$\vec{a}=(3,\ -4)$ に垂直な単位ベクトルを求めよ。

解答　$\vec{a}=(3,\ -4)$ に垂直なベクトルの1つは　　$\vec{n}=(-4,\ -3)$
$|\vec{n}|=\sqrt{(-4)^2+(-3)^2}=5$ であるから，求める単位ベクトルは

$$\pm\frac{\vec{n}}{|\vec{n}|}=\pm\frac{1}{5}(-4,\ -3)=\pm\left(-\frac{4}{5},\ -\frac{3}{5}\right)$$

次に，空間におけるベクトルについて次のことが成り立ちます。

> 平行でない2つのベクトル $\vec{a}=(a_1,\ a_2,\ a_3)$，$\vec{b}=(b_1,\ b_2,\ b_3)$ $(\vec{a}\neq\vec{0},\ \vec{b}\neq\vec{0})$ の両方に垂直なベクトルの1つは　　$\boldsymbol{\vec{n}=(a_2b_3-a_3b_2,\ a_3b_1-a_1b_3,\ a_1b_2-a_2b_1)}$

実際，内積 $\vec{a}\cdot\vec{n}$，$\vec{b}\cdot\vec{n}$ を計算すると

$$\vec{a}\cdot\vec{n}=a_1(a_2b_3-a_3b_2)+a_2(a_3b_1-a_1b_3)+a_3(a_1b_2-a_2b_1)$$
$$=a_1a_2b_3-a_1a_3b_2+a_2a_3b_1-a_1a_2b_3+a_1a_3b_2-a_2a_3b_1=0$$
$$\vec{b}\cdot\vec{n}=b_1(a_2b_3-a_3b_2)+b_2(a_3b_1-a_1b_3)+b_3(a_1b_2-a_2b_1)$$
$$=a_2b_1b_3-a_3b_1b_2+a_3b_1b_2-a_1b_2b_3+a_1b_2b_3-a_2b_1b_3=0$$

となり，$\vec{a}\perp\vec{n}$，$\vec{b}\perp\vec{n}$ であることが分かります。
このことを利用すると，$\vec{a}=(1,\ 2,\ 3)$，$\vec{b}=(4,\ 5,\ 6)$ の両方に垂直なベクトルの1つは

$$\vec{n}=(2\cdot6-3\cdot5,\ 3\cdot4-1\cdot6,\ 1\cdot5-2\cdot4)=(-3,\ 6,\ -3)$$

$\vec{n}$ を $\vec{a}$，$\vec{b}$ の **外積** といい，$\vec{n}=\vec{a}\times\vec{b}$ と書くこともあります。

$\vec{n}$ の各成分は，右のようにすると覚えやすいです。
なお，このことは解答で用いるのではなく，検算に利用するようにしましょう。

x成分 $\begin{pmatrix}a_1 & b_1\\ a_2 & b_2\\ a_3 & b_3\end{pmatrix}$ → $a_2b_3-a_3b_2$

y成分 $\begin{pmatrix}a_1 & b_1\\ a_2 & b_2\\ a_3 & b_3\\ a_1 & b_1\end{pmatrix}$ → $a_3b_1-a_1b_3$

z成分 $\begin{pmatrix}a_1 & b_1\\ a_2 & b_2\\ a_3 & b_3\end{pmatrix}$ → $a_1b_2-a_2b_1$

D 重要 ★☆☆☆

例題 42　空間の位置ベクトル

3 点 A(2, 3, −3), B(5, −3, 3), C(−1, 0, 6) に対して，
線分 AB, BC, CA を 2:1 に内分する点をそれぞれ P, Q, R とする。
(1) 点 P, Q, R の座標を求めよ。
(2) △PQR の重心 G の座標を求めよ。

思考のプロセス

例題 19 の内容を空間に拡張した問題である。

公式の利用

内分・外分・重心の位置ベクトルの公式は**平面でも空間でも変わらない。**

«ReAction 線分 AB を $m:n$ に分ける点 P は，$\overrightarrow{OP}=\dfrac{n\overrightarrow{OA}+m\overrightarrow{OB}}{m+n}$ とせよ ◀例題 19

解 (1) $\overrightarrow{OP}=\dfrac{\overrightarrow{OA}+2\overrightarrow{OB}}{2+1}=\dfrac{1}{3}\{(2,\ 3,\ -3)+2(5,\ -3,\ 3)\}$

$=(4,\ -1,\ 1)$

◀A(2, 3, −3) より $\overrightarrow{OA}=(2,\ 3,\ -3)$

$\overrightarrow{OQ}=\dfrac{\overrightarrow{OB}+2\overrightarrow{OC}}{2+1}=\dfrac{1}{3}\{(5,\ -3,\ 3)+2(-1,\ 0,\ 6)\}$

$=(1,\ -1,\ 5)$

$\overrightarrow{OR}=\dfrac{\overrightarrow{OC}+2\overrightarrow{OA}}{2+1}=\dfrac{1}{3}\{(-1,\ 0,\ 6)+2(2,\ 3,\ -3)\}$

$=(1,\ 2,\ 0)$

よって　**P(4, −1, 1), Q(1, −1, 5), R(1, 2, 0)**

◀$\overrightarrow{OP}$, $\overrightarrow{OQ}$, $\overrightarrow{OR}$ の成分表示が点 P, Q, R の座標と一致する。

(2) $\overrightarrow{OG}=\dfrac{\overrightarrow{OP}+\overrightarrow{OQ}+\overrightarrow{OR}}{3}$

$=\dfrac{1}{3}\{(4,\ -1,\ 1)+(1,\ -1,\ 5)+(1,\ 2,\ 0)\}$

$=(2,\ 0,\ 2)$

よって　**G(2, 0, 2)**

◀重心の位置ベクトルを表す式である。

Point....各辺の分点を結んだ三角形の重心

△ABC において，3 辺 AB, BC, CA を $m:n$ に分ける点をそれぞれ P, Q, R とするとき，

　△ABC の重心と △PQR の重心は一致する。

例題 42 において，△ABC の重心の座標は

$$\left(\frac{2+5+(-1)}{3},\ \frac{3+(-3)+0}{3},\ \frac{(-3)+3+6}{3}\right)$$

すなわち，(2, 0, 2) であり，△PQR の重心と一致する。

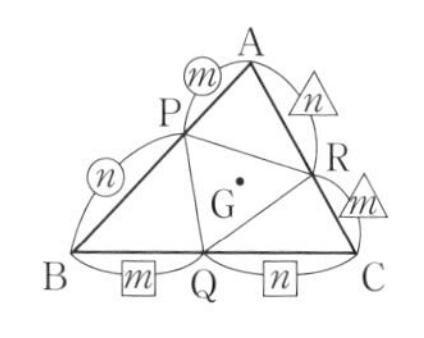

練習 42 3 点 A(1, −1, 3), B(−2, 3, 1), C(4, 0, −2) に対して，線分 AB, BC, CA を 3:2 に外分する点をそれぞれ P, Q, R とする。
(1) 点 P, Q, R の座標を求めよ。　(2) △PQR の重心 G の座標を求めよ。

➡p.106 問題42

例題 43　空間における３点が一直線上にある条件　★★☆☆

平行六面体 OADB－CEFG において，△OAB，△OBC，△OCA の重心をそれぞれ P, Q, R とする。さらに，△ABC，△PQR の重心をそれぞれ S，T とするとき，4 点 O，T，S，F は一直線上にあることを示せ。
また，OT : TS : SF を求めよ。

思考のプロセス

例題 21 の内容を空間に拡張した問題である。
3 点が一直線上にある条件も，平面ベクトルと同様である。

≪ReAction　3点 A，B，C が一直線上を示すときは，$\overrightarrow{AC}=k\overrightarrow{AB}$ を導け　◀例題 21

基準を定める　$\vec{0}$ でなく同一平面上にない $\overrightarrow{OA}=\vec{a}$，$\overrightarrow{OB}=\vec{b}$，$\overrightarrow{OC}=\vec{c}$ を導入

4 点 O，T，S，F が一直線上にある ⟹ $\begin{cases}\overrightarrow{OS}=(\vec{a},\ \vec{b},\ \vec{c}\text{ の式})\\ \overrightarrow{OT}=(\vec{a},\ \vec{b},\ \vec{c}\text{ の式})\\ \overrightarrow{OF}=(\vec{a},\ \vec{b},\ \vec{c}\text{ の式})\end{cases}$ より $\begin{cases}\overrightarrow{OS}=\boxed{}\,\overrightarrow{OF}\\ \overrightarrow{OT}=\boxed{}\,\overrightarrow{OF}\end{cases}$（□：実数）

解　$\overrightarrow{OA}=\vec{a}$，$\overrightarrow{OB}=\vec{b}$，$\overrightarrow{OC}=\vec{c}$ とおく。
P，Q，R，S はそれぞれ △OAB，△OBC，△OCA，△ABC の重心であるから

$$\overrightarrow{OP}=\frac{\vec{a}+\vec{b}}{3},\quad \overrightarrow{OQ}=\frac{\vec{b}+\vec{c}}{3},\quad \overrightarrow{OR}=\frac{\vec{c}+\vec{a}}{3}$$

$$\overrightarrow{OS}=\frac{\vec{a}+\vec{b}+\vec{c}}{3}\quad \cdots ①$$

さらに，点 T は △PQR の重心であるから

$$\overrightarrow{OT}=\frac{\overrightarrow{OP}+\overrightarrow{OQ}+\overrightarrow{OR}}{3}=\frac{1}{3}\left(\frac{\vec{a}+\vec{b}}{3}+\frac{\vec{b}+\vec{c}}{3}+\frac{\vec{c}+\vec{a}}{3}\right)=\frac{2}{9}(\vec{a}+\vec{b}+\vec{c})\quad \cdots ②$$

また　$\overrightarrow{OF}=\overrightarrow{OA}+\overrightarrow{AD}+\overrightarrow{DF}=\vec{a}+\vec{b}+\vec{c}$　$\cdots ③$

①，②，③ より

$$\overrightarrow{OS}=\frac{1}{3}\overrightarrow{OF},\quad \overrightarrow{OT}=\frac{2}{9}\overrightarrow{OF}$$

よって，4 点 O，T，S，F は一直線上にある。
また　**OT : TS : SF = 2 : 1 : 6**

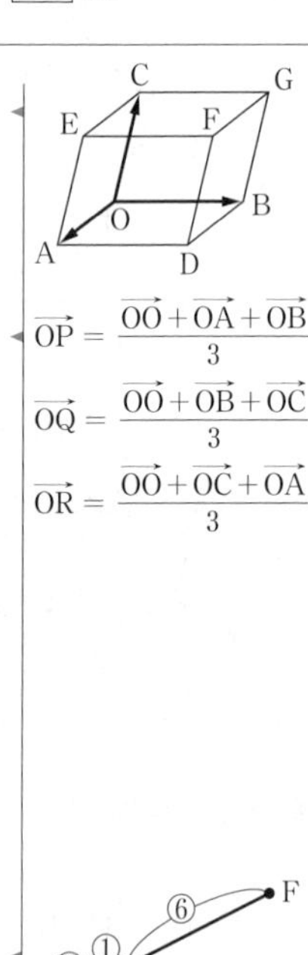

$\overrightarrow{OP}=\dfrac{\overrightarrow{OO}+\overrightarrow{OA}+\overrightarrow{OB}}{3}$

$\overrightarrow{OQ}=\dfrac{\overrightarrow{OO}+\overrightarrow{OB}+\overrightarrow{OC}}{3}$

$\overrightarrow{OR}=\dfrac{\overrightarrow{OO}+\overrightarrow{OC}+\overrightarrow{OA}}{3}$

練習 43　直方体 OADB－CEFG において，△ABC，△EDG の重心をそれぞれ S，T とする。このとき，点 S，T は対角線 OF 上にあり，OF を 3 等分することを示せ。

➡p.106　問題43

例題 44 空間における交点の位置ベクトル ★★☆☆

四面体 OABC の辺 AB，OC の中点をそれぞれ M，N，△ABC の重心を G とし，線分 OG，MN の交点を P とする。$\overrightarrow{OA}=\vec{a}$，$\overrightarrow{OB}=\vec{b}$，$\overrightarrow{OC}=\vec{c}$ とするとき，$\overrightarrow{OP}$ を $\vec{a}$，$\vec{b}$，$\vec{c}$ で表せ。

思考のプロセス

例題 22(1) の内容を空間に拡張した問題である。

«ReAction 2直線の交点の位置ベクトルは，1次独立なベクトルを用いて2通りに表せ ◀例題 22

見方を変える

点 P → 線分 OG 上にある ⟹ $\overrightarrow{OP}=k\overrightarrow{OG}$ $=\boxed{ア}\vec{a}+\boxed{イ}\vec{b}+\boxed{ウ}\vec{c}$

点 P → 線分 MN 上にある ⟹ $\overrightarrow{OP}=(1-t)\overrightarrow{\square}+t\overrightarrow{\square}$ $=\boxed{ア}\vec{a}+\boxed{イ}\vec{b}+\boxed{ウ}\vec{c}$

1次独立のとき
$\begin{cases} ア=ア \\ イ=イ \\ ウ=ウ \end{cases}$

解 $\overrightarrow{OM}=\dfrac{\vec{a}+\vec{b}}{2}$，$\overrightarrow{ON}=\dfrac{1}{2}\vec{c}$，$\overrightarrow{OG}=\dfrac{\vec{a}+\vec{b}+\vec{c}}{3}$

点 P は線分 OG 上にあるから，

$\overrightarrow{OP}=k\overrightarrow{OG}$（$k$ は実数）とおくと

$$\overrightarrow{OP}=\frac{1}{3}k\vec{a}+\frac{1}{3}k\vec{b}+\frac{1}{3}k\vec{c} \quad \cdots ①$$

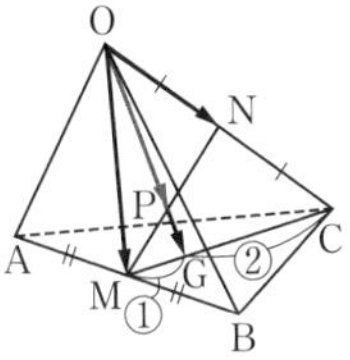

また，点 P は線分 MN 上にあるから，

MP：PN $=t:(1-t)$ とおくと

$$\overrightarrow{OP}=(1-t)\overrightarrow{OM}+t\overrightarrow{ON}$$
$$=\frac{1}{2}(1-t)\vec{a}+\frac{1}{2}(1-t)\vec{b}+\frac{1}{2}t\vec{c} \quad \cdots ②$$

$\vec{a}$，$\vec{b}$，$\vec{c}$ はいずれも $\vec{0}$ でなく，また同一平面上にないから，①，② より

$$\frac{1}{3}k=\frac{1}{2}(1-t) \quad かつ \quad \frac{1}{3}k=\frac{1}{2}t$$

これらを連立して解くと　$k=\dfrac{3}{4}$，$t=\dfrac{1}{2}$

したがって　$\overrightarrow{OP}=\dfrac{1}{4}\vec{a}+\dfrac{1}{4}\vec{b}+\dfrac{1}{4}\vec{c}$

◀点 G は △ABC の重心であるから，中線 CM 上にある。よって，G，N はそれぞれ △OMC の辺 CM，OC 上にあるから，線分 OG と MN は 1 点で交わる。

◀点 P を △OMN の辺 MN の内分点と考える。

◀係数を比較するときは必ず 1 次独立であることを述べる。

Point....空間のベクトルと1次独立

空間における 3 つのベクトル $\vec{a}$，$\vec{b}$，$\vec{c}$ が 1 次独立のとき（いずれも $\vec{0}$ でなく，同一平面上にないとき），任意のベクトル $\vec{p}$ は $\vec{p}=l\vec{a}+m\vec{b}+n\vec{c}$ の形に，ただ 1 通りに表すことができる。すなわち

$$l\vec{a}+m\vec{b}+n\vec{c}=l'\vec{a}+m'\vec{b}+n'\vec{c} \iff l=l' \text{ かつ } m=m' \text{ かつ } n=n'$$

練習 44 四面体 OABC において，辺 AB，BC，CA を 2：3，3：2，1：4 に内分する点をそれぞれ L，M，N とし，線分 CL と MN の交点を P とする。$\overrightarrow{OA}=\vec{a}$，$\overrightarrow{OB}=\vec{b}$，$\overrightarrow{OC}=\vec{c}$ とするとき，$\overrightarrow{OP}$ を $\vec{a}$，$\vec{b}$，$\vec{c}$ で表せ。

➡p.106 問題44

重要

例題 45 同一平面上にある条件〔1〕

★★☆☆

3 点 A$(-1,\ -1,\ 3)$，B$(0,\ -3,\ 4)$，C$(1,\ -2,\ 5)$ があり，xy 平面上に点 P を，z 軸上に点 Q をとる。

(1) 3 点 A，B，P が一直線上にあるとき，点 P の座標を求めよ。

(2) 4 点 A，B，C，Q が同一平面上にあるとき，点 Q の座標を求めよ。

思考のプロセス

基準を定める 条件＿＿について

(1) 始点を A とする … $\overrightarrow{AP}=k\overrightarrow{AB}$

始点を O とする … $\overrightarrow{OP}=s\overrightarrow{OA}+t\overrightarrow{OB}$ $(s+t=1)$

(2) 始点を A とする … $\overrightarrow{AQ}=s\overrightarrow{AB}+t\overrightarrow{AC}$

始点を O とする … $\overrightarrow{OQ}=s\overrightarrow{OA}+t\overrightarrow{OB}+u\overrightarrow{OC}$

$(s+t+u=1)$

(1) A P B O

(2) O B Q A C

文字を減らす ここでは，文字が少なくなるように，始点を A にして考える。

Action>> 平面 ABC 上の点 P は，$\overrightarrow{AP}=s\overrightarrow{AB}+t\overrightarrow{AC}$ とおけ

解 $\overrightarrow{AB}=(1,\ -2,\ 1)$，$\overrightarrow{AC}=(2,\ -1,\ 2)$

(1) 点 P は xy 平面上にあるから，P$(x,\ y,\ 0)$ とおける。

3 点 A，B，P が一直線上にあるとき，$\overrightarrow{AP}=k\overrightarrow{AB}$ となる実数 k が存在するから

$$(x+1,\ y+1,\ -3)=(k,\ -2k,\ k)$$

成分を比較すると

$$x+1=k,\quad y+1=-2k,\quad -3=k$$

$k=-3$ より　$x=-4,\ y=5$

したがって　**P$(-4,\ 5,\ 0)$**

(2) 点 Q は z 軸上にあるから，Q$(0,\ 0,\ z)$ とおける。

$\overrightarrow{AB}\neq\vec{0}$，$\overrightarrow{AC}\neq\vec{0}$ であり，$\overrightarrow{AB}$ と $\overrightarrow{AC}$ は平行でない。

よって，4 点 A，B，C，Q が同一平面上にあるとき，

$\overrightarrow{AQ}=s\overrightarrow{AB}+t\overrightarrow{AC}$ となる実数 s，t が存在するから

$$(1,\ 1,\ z-3)=s(1,\ -2,\ 1)+t(2,\ -1,\ 2)$$
$$=(s+2t,\ -2s-t,\ s+2t)$$

成分を比較すると

$$1=s+2t,\quad 1=-2s-t,\quad z-3=s+2t$$

これを解くと　$s=-1,\ t=1,\ z=4$

したがって　**Q$(0,\ 0,\ 4)$**

◀ $\overrightarrow{AB}$
$=(0+1,\ -3+1,\ 4-3)$
$=(1,\ -2,\ 1)$
$\overrightarrow{AC}$
$=(1+1,\ -2+1,\ 5-3)$
$=(2,\ -1,\ 2)$

◀ $\overrightarrow{AP}=(x+1,\ y+1,\ -3)$
$k\overrightarrow{AB}=k(1,\ -2,\ 1)$
$=(k,\ -2k,\ k)$

◀ $\overrightarrow{AB}$ と $\overrightarrow{AC}$ は 1 次独立である。

◀ $\overrightarrow{AQ}=(1,\ 1,\ z-3)$

◀ **Play Back** 4 参照。

練習 45 3 点 A$(-2,\ 1,\ 3)$，B$(-1,\ 3,\ 4)$，C$(1,\ 4,\ 5)$ があり，yz 平面上に点 P を，x 軸上に点 Q をとる。

(1) 3 点 A，B，P が一直線上にあるとき，点 P の座標を求めよ。

(2) 4 点 A，B，C，Q が同一平面上にあるとき，点 Q の座標を求めよ。

➡p.106 問題45

例題 46 同一平面上にある条件〔2〕 ★★☆☆

四面体 OABC において，辺 OA の中点を M，辺 BC を 1:2 に内分する点を Q，線分 MQ の中点を R とし，直線 OR と平面 ABC の交点を P とする。
$\overrightarrow{OA}=\vec{a}$，$\overrightarrow{OB}=\vec{b}$，$\overrightarrow{OC}=\vec{c}$ とするとき
(1) $\overrightarrow{OR}$ を $\vec{a}$，$\vec{b}$，$\vec{c}$ で表せ。　(2) $\overrightarrow{OP}$ を $\vec{a}$，$\vec{b}$，$\vec{c}$ で表せ。

思考のプロセス

(2) **既知の問題に帰着** 例題 22 (2) の内容を空間に拡張した問題である。

〔平面〕 P … $A(\vec{a})$，$B(\vec{b})$ を通る直線上

$\overrightarrow{OP}$
$=k\overrightarrow{OR}$
$=\square k\vec{a}+\square k\vec{b}$ （和が 1）

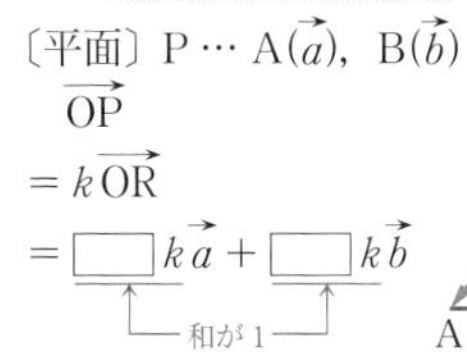
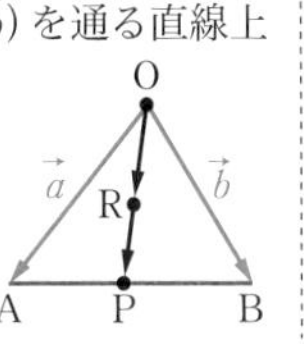

〔空間〕 P … $A(\vec{a})$，$B(\vec{b})$，$C(\vec{c})$ を通る平面上

$\overrightarrow{OP}$
$=k\overrightarrow{OR}$
$=\square k\vec{a}+\square k\vec{b}+\square k\vec{c}$ （和が 1）

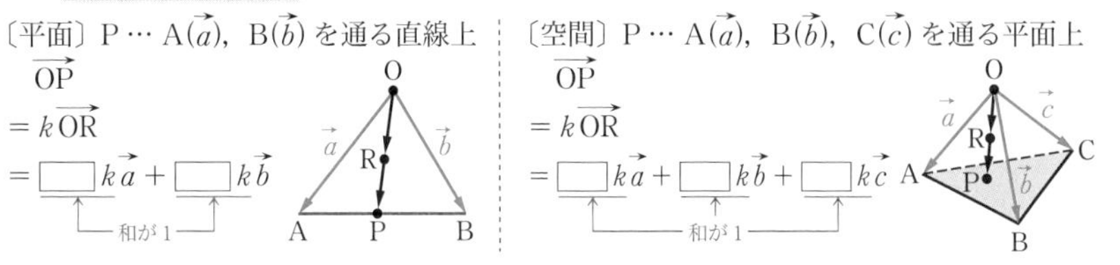

Action>> 平面 ABC 上の点 P は，$\overrightarrow{OP}=s\overrightarrow{OA}+t\overrightarrow{OB}+u\overrightarrow{OC}$，$s+t+u=1$ とせよ

解 (1) 点 Q は辺 BC を 1:2 に内分する点であるから

$$\overrightarrow{OQ}=\frac{2\overrightarrow{OB}+\overrightarrow{OC}}{1+2}=\frac{2\vec{b}+\vec{c}}{3}$$

点 R は線分 MQ の中点であるから

$$\overrightarrow{OR}=\frac{\overrightarrow{OM}+\overrightarrow{OQ}}{2}$$

$$=\frac{1}{2}\left(\frac{1}{2}\vec{a}+\frac{2\vec{b}+\vec{c}}{3}\right)=\boldsymbol{\frac{1}{4}\vec{a}+\frac{1}{3}\vec{b}+\frac{1}{6}\vec{c}}$$

(2) 点 P は直線 OR 上にあるから，$\overrightarrow{OP}=k\overrightarrow{OR}$（$k$ は実数）
とおくと　$\overrightarrow{OP}=\frac{1}{4}k\vec{a}+\frac{1}{3}k\vec{b}+\frac{1}{6}k\vec{c}$

点 P は平面 ABC 上にあるから　$\frac{1}{4}k+\frac{1}{3}k+\frac{1}{6}k=1$

$k=\frac{4}{3}$ より　$\boldsymbol{\overrightarrow{OP}=\frac{1}{3}\vec{a}+\frac{4}{9}\vec{b}+\frac{2}{9}\vec{c}}$

◀ ReAction 例題 19
「線分 AB を $m:n$ に分ける点 P は，

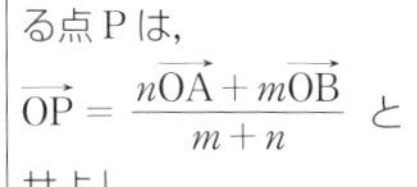

$\overrightarrow{OP}=\frac{n\overrightarrow{OA}+m\overrightarrow{OB}}{m+n}$ とせよ」

◀ $\overrightarrow{OM}=\frac{1}{2}\overrightarrow{OA}$

◀ 点 P が平面 ABC 上にあるから
$\overrightarrow{OP}=s\overrightarrow{OA}+t\overrightarrow{OB}+u\overrightarrow{OC}$ のとき　$s+t+u=1$

Point.... 4点が同一平面上にある条件

点 P が平面 ABC 上にあるとき，次の等式を満たす実数 s，t，u が存在する。
(ア) $\overrightarrow{AP}=s\overrightarrow{AB}+t\overrightarrow{AC}$ （⇨例題 45）
(イ) $\overrightarrow{OP}=s\overrightarrow{OA}+t\overrightarrow{OB}+u\overrightarrow{OC}$，$s+t+u=1$ （⇨例題 46）

練習 46 四面体 OABC において，辺 AC の中点を M，辺 OB を 1:2 に内分する点を Q，線分 MQ を 3:2 に内分する点を R とし，直線 OR と平面 ABC との交点を P とする。$\overrightarrow{OA}=\vec{a}$，$\overrightarrow{OB}=\vec{b}$，$\overrightarrow{OC}=\vec{c}$ とするとき
(1) $\overrightarrow{OR}$ を $\vec{a}$，$\vec{b}$，$\vec{c}$ で表せ。　(2) $\overrightarrow{OP}$ を $\vec{a}$，$\vec{b}$，$\vec{c}$ で表せ。

➡p.106 問題46

Play Back 4　共線条件と共面条件，２つの形の長所と短所

例題 43，45，46 で学習した 3 点 P，A，B が一直線上にある条件（共線条件），4 点 P，A，B，C が同一平面上にある条件（共面条件）は，始点を与えられた点にするかどうかで 2 つの形がありました。
この 2 つは変形すると，結果的に同じであることが分かります。

〔1〕　点 P が直線 AB 上にある $\iff$ $\overrightarrow{\mathbf{AP}}=t\overrightarrow{\mathbf{AB}}$

始点を O に変えると

$$\overrightarrow{OP}-\overrightarrow{OA}=t(\overrightarrow{OB}-\overrightarrow{OA})$$

よって　　$\overrightarrow{OP}=(1-t)\overrightarrow{OA}+t\overrightarrow{OB}$

$1-t=s$ とおくと

$$\overrightarrow{\mathbf{OP}}=s\overrightarrow{\mathbf{OA}}+t\overrightarrow{\mathbf{OB}},\ s+t=1$$

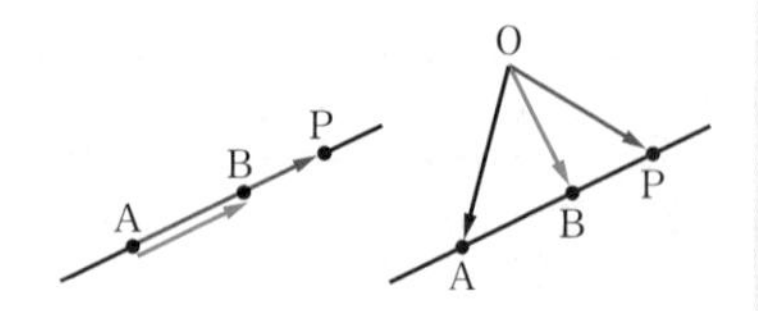

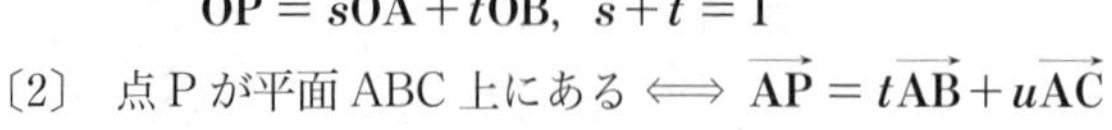

〔2〕　点 P が平面 ABC 上にある $\iff$ $\overrightarrow{\mathbf{AP}}=t\overrightarrow{\mathbf{AB}}+u\overrightarrow{\mathbf{AC}}$

始点を O に変えると

$$\overrightarrow{OP}-\overrightarrow{OA}=t(\overrightarrow{OB}-\overrightarrow{OA})+u(\overrightarrow{OC}-\overrightarrow{OA})$$

よって

$$\overrightarrow{OP}=(1-t-u)\overrightarrow{OA}+t\overrightarrow{OB}+u\overrightarrow{OC}$$

$1-t-u=s$ とおくと

$$\overrightarrow{\mathbf{OP}}=s\overrightarrow{\mathbf{OA}}+t\overrightarrow{\mathbf{OB}}+u\overrightarrow{\mathbf{OC}},\ s+t+u=1$$

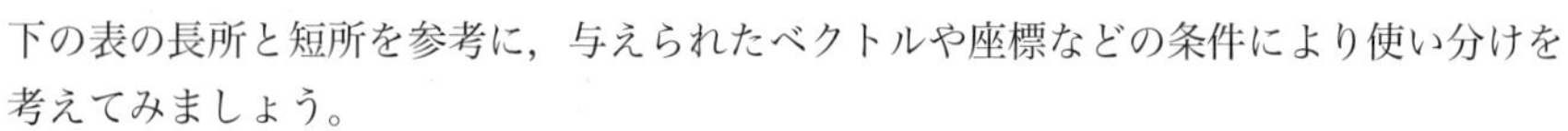

下の表の長所と短所を参考に，与えられたベクトルや座標などの条件により使い分けを考えてみましょう。

	与えられた点 A を始点とする場合	始点を O とする場合
点 P が直線 AB 上にある条件	$\overrightarrow{AP}=t\overrightarrow{AB}$	$\overrightarrow{OP}=s\overrightarrow{OA}+t\overrightarrow{OB}$ $s+t=1$
点 P が平面 ABC 上にある条件	$\overrightarrow{AP}=s\overrightarrow{AB}+t\overrightarrow{AC}$	$\overrightarrow{OP}=s\overrightarrow{OA}+t\overrightarrow{OB}+u\overrightarrow{OC}$ $s+t+u=1$
長所と短所	文字が少なくてすむが，座標と成分は異なる。	文字は多くなるが，座標と成分が一致する。

例題 45 (2) は，図形の中の点 A を始点とした解答でしたが，始点を O として次のように解くこともできます。

例題 45 (2) の **〔別解〕**

点 Q が平面 ABC 上にあるとき　　$\overrightarrow{OQ}=s\overrightarrow{OA}+t\overrightarrow{OB}+u\overrightarrow{OC}$

ただし　　$s+t+u=1$　　…①

よって　　$(0,\ 0,\ z)=s(-1,\ -1,\ 3)+t(0,\ -3,\ 4)+u(1,\ -2,\ 5)$

成分を比較すると

$0=-s+u$ …②，　$0=-s-3t-2u$ …③，　$z=3s+4t+5u$ …④

①～④ を解くと，$s=1$，$t=-1$，$u=1$，$z=4$ より　　Q$(0,\ 0,\ 4)$

例題 47　四面体の体積　★★★☆

4点 A(1, 1, 0), B(2, 3, 3), C(−1, 2, 1), D(0, −6, 5) がある。
(1) △ABC の面積を求めよ。
(2) 直線 AD は平面 ABC に垂直であることを示せ。
(3) 四面体 ABCD の体積 V を求めよ。

思考のプロセス

(1)

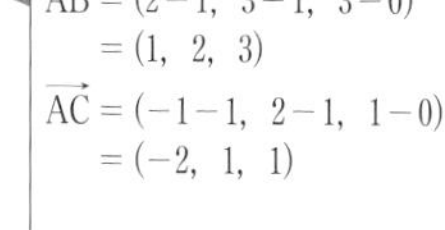

△ABC の面積 S →
- $\cos\angle BAC = \dfrac{\overrightarrow{AB}\cdot\overrightarrow{AC}}{|\overrightarrow{AB}||\overrightarrow{AC}|}$ ⟹ $S = \dfrac{1}{2}|\overrightarrow{AB}||\overrightarrow{AC}|\sin\angle BAC$ （↑ cos∠BAC より求める）
- $S = \dfrac{1}{2}\sqrt{|\overrightarrow{AB}|^2|\overrightarrow{AC}|^2 - (\overrightarrow{AB}\cdot\overrightarrow{AC})^2}$ の利用（例題 18 参照）

(2) **目標の言い換え**

AD ⊥ 平面 ABC を示す ⟹ AD ⊥ □ かつ AD ⊥ □ を示す
（↑ 平面 ABC 上の交わる 2 直線）

Action>> 直線 l と平面 α の垂直は，α 上の交わる2直線と l の垂直を考えよ

解 (1) $\overrightarrow{AB} = (1,\ 2,\ 3)$, $\overrightarrow{AC} = (-2,\ 1,\ 1)$ より

◀ $\overrightarrow{AB} = (2-1,\ 3-1,\ 3-0) = (1,\ 2,\ 3)$
$\overrightarrow{AC} = (-1-1,\ 2-1,\ 1-0) = (-2,\ 1,\ 1)$

$$|\overrightarrow{AB}|^2 = 1^2+2^2+3^2 = 14$$
$$|\overrightarrow{AC}|^2 = (-2)^2+1^2+1^2 = 6$$
$$\overrightarrow{AB}\cdot\overrightarrow{AC} = 1\times(-2)+2\times1+3\times1 = 3$$

よって
$$\triangle ABC = \frac{1}{2}\sqrt{|\overrightarrow{AB}|^2|\overrightarrow{AC}|^2-(\overrightarrow{AB}\cdot\overrightarrow{AC})^2}$$
$$= \frac{1}{2}\sqrt{14\times6-9} = \mathbf{\frac{5\sqrt{3}}{2}}$$

◀ 例題 18 参照。
平面における三角形の面積公式は，空間における三角形にも適用できる。

(2) $\overrightarrow{AD} = (-1,\ -7,\ 5)$

平面 ABC 上の平行でない 2 つのベクトル $\overrightarrow{AB}$, $\overrightarrow{AC}$ について
$$\overrightarrow{AD}\cdot\overrightarrow{AB} = -1\times1+(-7)\times2+5\times3 = 0$$
$$\overrightarrow{AD}\cdot\overrightarrow{AC} = -1\times(-2)+(-7)\times1+5\times1 = 0$$
$\overrightarrow{AD}\neq\vec{0}$, $\overrightarrow{AB}\neq\vec{0}$, $\overrightarrow{AC}\neq\vec{0}$ より　$\overrightarrow{AD}\perp\overrightarrow{AB}$, $\overrightarrow{AD}\perp\overrightarrow{AC}$
ゆえに，直線 AD は平面 ABC に垂直である。

◀ 直線 l ⊥ 平面 α ⟺
平面 α 上の平行でない 2 直線 m, n に対して
$l\perp m$, $l\perp n$
（例題 41 **Point** 参照）

(3) (2) より，線分 AD は △ABC を底面としたときの四面体 ABCD の高さになる。

◀

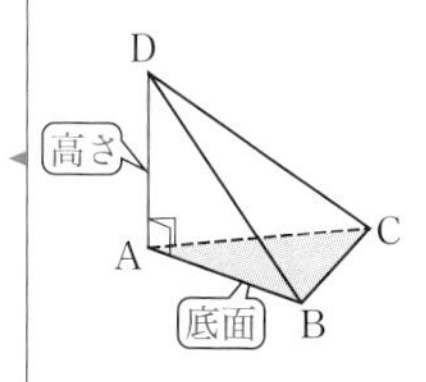

$$AD = |\overrightarrow{AD}| = \sqrt{(-1)^2+(-7)^2+5^2} = 5\sqrt{3}$$

よって
$$V = \frac{1}{3}\cdot\frac{5\sqrt{3}}{2}\cdot5\sqrt{3} = \mathbf{\frac{25}{2}}$$

練習 47　4 点 A(3, −3, 4), B(1, −1, 3), C(−1, −3, 3), D(−2, −2, 7) がある。
(1) △BCD の面積を求めよ。
(2) 直線 AB は平面 BCD に垂直であることを示せ。
(3) 四面体 ABCD の体積を求めよ。

➡ p.106 問題 47

例題 48　空間における垂線と平面の交点　★★★☆

4 点 O(0, 0, 0), A(3, 0, 0), B(0, 3, 1), C(1, 1, 2) において，点 C から平面 OAB に下ろした垂線を CH とするとき，点 H の座標を求めよ。

思考のプロセス

求める点 H は平面 OAB 上の点である。
$\Longrightarrow \overrightarrow{OH} = s\overrightarrow{OA} + t\overrightarrow{OB}$ とおける。

Action>> 平面 ABC 上の点 P は，$\overrightarrow{AP} = s\overrightarrow{AB} + t\overrightarrow{AC}$ とおけ

条件の言い換え

CH ⊥ (平面 OAB) $\Longrightarrow \begin{cases} \overrightarrow{CH} \perp \overrightarrow{OA} \\ \overrightarrow{CH} \perp \overrightarrow{OB} \end{cases} \Longrightarrow$ s, t の連立方程式
($\overrightarrow{OA}$, $\overrightarrow{OB}$ は平面 OAB 上のベクトル)

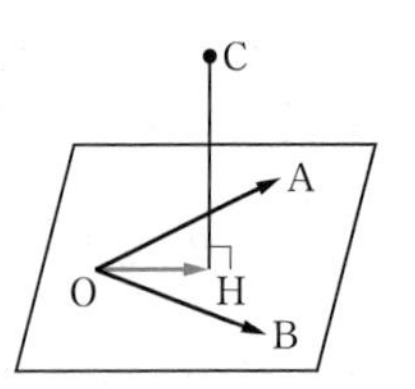

解 点 H は平面 OAB 上にあるから

$$\overrightarrow{OH} = s\overrightarrow{OA} + t\overrightarrow{OB}\ (s,\ t \text{ は実数})$$

とおける。

これより　$\overrightarrow{OH} = s(3,\ 0,\ 0) + t(0,\ 3,\ 1) = (3s,\ 3t,\ t)$

◀ $\overrightarrow{OA} = (3,\ 0,\ 0)$
$\overrightarrow{OB} = (0,\ 3,\ 1)$

$\overrightarrow{CH}$ は平面 OAB に垂直であるから

$$\overrightarrow{CH} \perp \overrightarrow{OA} \quad かつ \quad \overrightarrow{CH} \perp \overrightarrow{OB}$$

よって　$\overrightarrow{CH}\cdot\overrightarrow{OA} = 0 \cdots ①$　　$\overrightarrow{CH}\cdot\overrightarrow{OB} = 0 \cdots ②$

ここで

$$\overrightarrow{CH} = \overrightarrow{OH} - \overrightarrow{OC} = (3s,\ 3t,\ t) - (1,\ 1,\ 2)$$
$$= (3s-1,\ 3t-1,\ t-2)$$

よって

① より　$3(3s-1) = 0$

◀ $3\cdot(3s-1) + 0\cdot(3t-1) + 0\cdot(t-2) = 0$

② より　$3(3t-1) + (t-2) = 0$

これを解くと　$s = \dfrac{1}{3}$, $t = \dfrac{1}{2}$

ゆえに　$\overrightarrow{OH} = \left(1,\ \dfrac{3}{2},\ \dfrac{1}{2}\right)$

したがって　$\mathbf{H\left(1,\ \dfrac{3}{2},\ \dfrac{1}{2}\right)}$

練習 48　4 点 O(0, 0, 0), A(0, 2, 2), B(1, 0, 2), C(3, 2, 1) において，点 C から平面 OAB に下ろした垂線を CH とするとき，点 H の座標を求めよ。

➡p.107 問題48

例題 49　空間図形の性質の証明

★★☆☆

四面体 ABCD において $AC^2+BD^2=AD^2+BC^2$ が成り立つとき，
$AB \perp CD$ であることを証明せよ。

思考のプロセス

基準を定める

(始点をAとして，$\overrightarrow{AB}=\vec{b}$，$\overrightarrow{AC}=\vec{c}$，$\overrightarrow{AD}=\vec{d}$ を導入) $\Longrightarrow$ (すべてのベクトルを $\vec{b}$，$\vec{c}$，$\vec{d}$ で表すことができる)

逆向きに考える

$AB \perp CD \Longrightarrow \overrightarrow{AB}\cdot\overrightarrow{CD}=0$ を示したい。
$\Longrightarrow \vec{b}\cdot(\vec{d}-\vec{c})=0$ を示したい。
$\Longrightarrow \vec{b}\cdot\vec{d}-\vec{b}\cdot\vec{c}=0$ を示したい。　⟵ 条件＿＿から示すことを考える。

Action>> $AB \perp CD$ を示すときは，$\overrightarrow{AB}\cdot\overrightarrow{CD}=0$ を導け

解 $\overrightarrow{AB}=\vec{b}$，$\overrightarrow{AC}=\vec{c}$，$\overrightarrow{AD}=\vec{d}$ とおく。

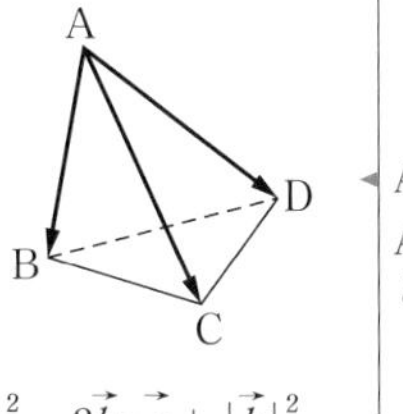

$AC^2+BD^2=AD^2+BC^2$ であるから

$$|\overrightarrow{AC}|^2+|\overrightarrow{BD}|^2=|\overrightarrow{AD}|^2+|\overrightarrow{BC}|^2$$

◀ $AC=|\overrightarrow{AC}|$，$BD=|\overrightarrow{BD}|$，$AD=|\overrightarrow{AD}|$，$BC=|\overrightarrow{BC}|$ と考える。

$\overrightarrow{BD}=\vec{d}-\vec{b}$，$\overrightarrow{BC}=\vec{c}-\vec{b}$ より

$$|\vec{c}|^2+|\vec{d}-\vec{b}|^2=|\vec{d}|^2+|\vec{c}-\vec{b}|^2$$

$$|\vec{c}|^2+|\vec{d}|^2-2\vec{b}\cdot\vec{d}+|\vec{b}|^2=|\vec{d}|^2+|\vec{c}|^2-2\vec{b}\cdot\vec{c}+|\vec{b}|^2$$

◀ $|\vec{d}-\vec{b}|^2=|\vec{d}|^2-2\vec{d}\cdot\vec{b}+|\vec{b}|^2$

よって　$\vec{b}\cdot\vec{d}=\vec{b}\cdot\vec{c}$　…①

このとき　$\overrightarrow{AB}\cdot\overrightarrow{CD}=\vec{b}\cdot(\vec{d}-\vec{c})=\vec{b}\cdot\vec{d}-\vec{b}\cdot\vec{c}$

◀ $\overrightarrow{CD}=\overrightarrow{AD}-\overrightarrow{AC}=\vec{d}-\vec{c}$

① より　$\overrightarrow{AB}\cdot\overrightarrow{CD}=0$

◀ $\vec{b}\cdot\vec{d}=\vec{b}\cdot\vec{c}$ より $\vec{b}\cdot\vec{d}-\vec{b}\cdot\vec{c}=0$

$\overrightarrow{AB}\neq\vec{0}$，$\overrightarrow{CD}\neq\vec{0}$ であるから　$\overrightarrow{AB}\perp\overrightarrow{CD}$

すなわち　$AB \perp CD$

Point.... 図形の性質の証明

平面図形と同様，空間図形の性質を証明するときは $AB=|\overrightarrow{AB}|$ を利用する。
さらに，異なる点 A，B，C，D に対して

(1) A，B，C が一直線上にある $\Longleftrightarrow$ $\overrightarrow{AC}=k\overrightarrow{AB}$ を満たす実数 k が存在する

(2) A，B，C，D が同一平面上にある
$\Longleftrightarrow$ $\overrightarrow{AD}=s\overrightarrow{AB}+t\overrightarrow{AC}$ を満たす実数 s，t が存在する

(3) $AB \perp CD \Longleftrightarrow \overrightarrow{AB}\cdot\overrightarrow{CD}=0$

練習 49 正四面体 OABC において，$\overrightarrow{OA}=\vec{a}$，$\overrightarrow{OB}=\vec{b}$，$\overrightarrow{OC}=\vec{c}$ とする。
△OAB の重心を G とするとき，次の問に答えよ。

(1) $\overrightarrow{OG}$ をベクトル $\vec{a}$，$\vec{b}$ を用いて表せ。

(2) $OG \perp GC$ であることを示せ。　(宮崎大)

➡ p.107 問題49

例題 50　四面体の内部の点の位置ベクトル　★★★☆

1辺の長さが1の正四面体 OABC の内部に点 P があり，
等式 $2\overrightarrow{OP}+\overrightarrow{AP}+2\overrightarrow{BP}+3\overrightarrow{CP}=\vec{0}$ が成り立っている。
(1) $\overrightarrow{OP}$ を $\overrightarrow{OA}$，$\overrightarrow{OB}$，$\overrightarrow{OC}$ を用いて表せ。
(2) 直線 OP と底面 ABC の交点を Q とするとき，OP：PQ を求めよ。
(3) 2つの四面体 OABC，PABC の体積比を求めよ。
(4) 線分 OP の長さを求めよ。

思考のプロセス

(1) 等式を，点 O を始点とするベクトルで表す。
(2) 3点 O，P，Q は一直線上にあるから　$\overrightarrow{OQ}=k\overrightarrow{OP}$

見方を変える

点 Q は平面 ABC 上の点 $\Longleftrightarrow$ $\overrightarrow{OQ}=\square k\overrightarrow{OA}+\square k\overrightarrow{OB}+\square k\overrightarrow{OC}$
（3つの係数の和は1）

«ReAction 平面 ABC 上の点 P は，$\overrightarrow{OP}=s\overrightarrow{OA}+t\overrightarrow{OB}+u\overrightarrow{OC}$，$s+t+u=1$ とせよ ◀例題 46

解 (1) $2\overrightarrow{OP}+\overrightarrow{AP}+2\overrightarrow{BP}+3\overrightarrow{CP}=\vec{0}$ より
$2\overrightarrow{OP}+(\overrightarrow{OP}-\overrightarrow{OA})+2(\overrightarrow{OP}-\overrightarrow{OB})+3(\overrightarrow{OP}-\overrightarrow{OC})=\vec{0}$
整理すると　$8\overrightarrow{OP}=\overrightarrow{OA}+2\overrightarrow{OB}+3\overrightarrow{OC}$

よって　$\overrightarrow{OP}=\dfrac{\overrightarrow{OA}+2\overrightarrow{OB}+3\overrightarrow{OC}}{8}$

(2) 点 Q は直線 OP 上にあるから，$\overrightarrow{OQ}=k\overrightarrow{OP}$（$k$ は実数）とおくと

$\overrightarrow{OQ}=k\cdot\dfrac{\overrightarrow{OA}+2\overrightarrow{OB}+3\overrightarrow{OC}}{8}=\dfrac{k}{8}\overrightarrow{OA}+\dfrac{k}{4}\overrightarrow{OB}+\dfrac{3k}{8}\overrightarrow{OC}$

Q は平面 ABC 上にあるから　$\dfrac{k}{8}+\dfrac{k}{4}+\dfrac{3k}{8}=1$

よって，$\dfrac{3}{4}k=1$ より　$k=\dfrac{4}{3}$

ゆえに，$\overrightarrow{OQ}=\dfrac{4}{3}\overrightarrow{OP}$ であるから　OQ：OP = 4：3

したがって　**OP：PQ = 3：1**

(3) 点 O，P から底面 ABC に下ろした垂線をそれぞれ OH，PH′ とすると
OH：PH′ = OQ：PQ
= 4：1
よって，求める体積比は
OABC：PABC
= OH：PH′ = **4：1**

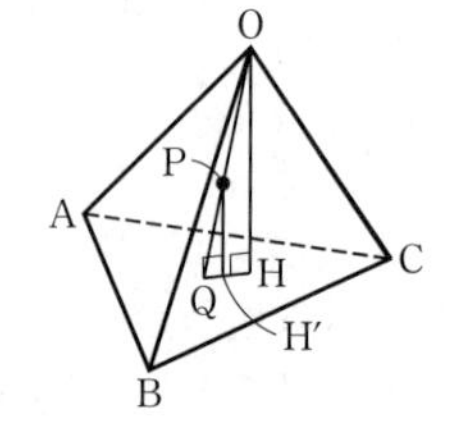

◀始点を O にそろえる。

◀同一平面上にある条件
例題 46 **Point** 参照。

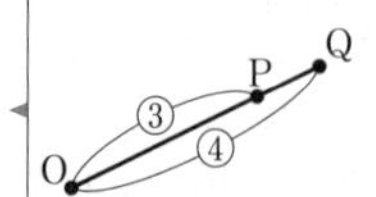

◀底面を △ABC と考えると体積比は高さである OH と PH′ の比で表される。

(4) $|\overrightarrow{OA}|=|\overrightarrow{OB}|=|\overrightarrow{OC}|=1$,

$\overrightarrow{OA}\cdot\overrightarrow{OB}=\overrightarrow{OB}\cdot\overrightarrow{OC}=\overrightarrow{OC}\cdot\overrightarrow{OA}=1\times1\times\cos60^\circ=\dfrac{1}{2}$ より

$$|\overrightarrow{OP}|^2=\left|\frac{\overrightarrow{OA}+2\overrightarrow{OB}+3\overrightarrow{OC}}{8}\right|^2$$

$$=\frac{1}{64}(|\overrightarrow{OA}|^2+4|\overrightarrow{OB}|^2+9|\overrightarrow{OC}|^2+4\overrightarrow{OA}\cdot\overrightarrow{OB}+12\overrightarrow{OB}\cdot\overrightarrow{OC}+6\overrightarrow{OC}\cdot\overrightarrow{OA})$$

$$=\frac{1}{64}\left(1^2+4\times1^2+9\times1^2+4\times\frac{1}{2}+12\times\frac{1}{2}+6\times\frac{1}{2}\right)$$

$$=\frac{25}{64}$$

$|\overrightarrow{OP}|\geqq0$ より　$|\overrightarrow{OP}|=\dfrac{5}{8}$

したがって　$\mathbf{OP}=\dfrac{5}{8}$

◀OABC は1辺の長さが1の正四面体より
$OA=OB=OC=1$,
$\angle AOB=\angle BOC=\angle COA=60^\circ$

◀$(a+b+c)^2=a^2+b^2+c^2+2ab+2bc+2ca$

Point....四面体と点の位置関係

四面体 OABC に対して，$\overrightarrow{OP}=s\overrightarrow{OA}+t\overrightarrow{OB}+u\overrightarrow{OC}$ を満たす点を P とすると

(1) $s+t+u=1$
のとき
点 P は平面 ABC 上にある。

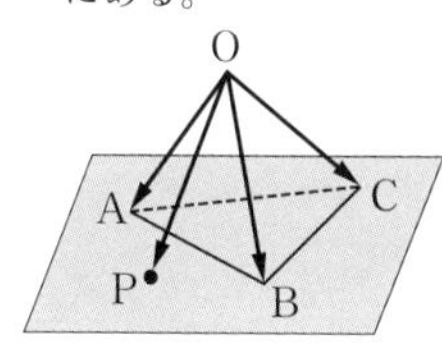

(2) $s+t+u=1$,
$s\geqq0$, $t\geqq0$, $u\geqq0$
のとき
点 P は △ABC の内部または周上にある。

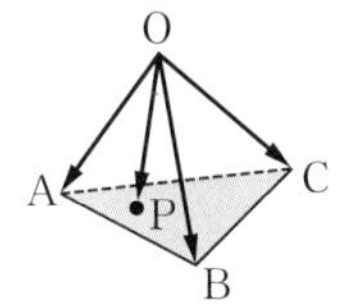

(3) $0\leqq s+t+u\leqq1$,
$s\geqq0$, $t\geqq0$, $u\geqq0$
のとき
点 P は四面体 OABC の内部または面上にある。

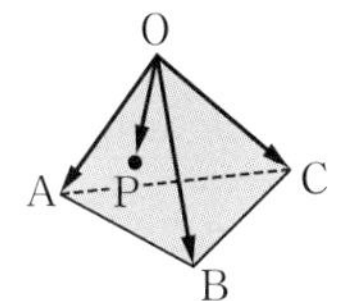

練習 50　1辺の長さが1の正四面体の内部に点 P があり，
等式 $2\overrightarrow{OP}+4\overrightarrow{AP}+2\overrightarrow{BP}+\overrightarrow{CP}=\vec{0}$ が成り立っている。
(1) $\overrightarrow{OP}$ を $\overrightarrow{OA}$, $\overrightarrow{OB}$, $\overrightarrow{OC}$ を用いて表せ。
(2) 直線 OP と底面 ABC との交点を Q とするとき，OP : PQ を求めよ。
(3) 四面体の体積比 OABC : PABC を求めよ。
(4) 線分 OP の長さを求めよ。

➡p.107 問題50

D ★★☆☆

例題 51 空間における点と直線の距離

2点 A(2, 1, 3), B(4, 3, −1) を通る直線 AB 上の点のうち，原点 O に最も近い点 P の座標を求めよ。また，そのときの線分 OP の長さを求めよ。

思考のプロセス

空間における直線であるから，ベクトル方程式で考える。

«ReAction 直線のベクトル方程式は，通る点と方向ベクトルを考えよ ◀例題 29

未知のものを文字でおく

⟹ 媒介変数 t を用いて

$\overrightarrow{\mathrm{OP}} = \overrightarrow{\mathrm{OA}} + t\overrightarrow{\mathrm{AB}} = (\square, \square, \square)$ ⟵ 各成分は t の式

$|\overrightarrow{\mathrm{OP}}|$ が最小となるような t の値を求める。

解 点 P は直線 AB 上にあるから，$\overrightarrow{\mathrm{OP}} = \overrightarrow{\mathrm{OA}} + t\overrightarrow{\mathrm{AB}}$ (t は実数) とおける。

◀直線 AB は点 A を通り，その方向ベクトルは $\overrightarrow{\mathrm{AB}}$ である。

$\overrightarrow{\mathrm{OA}} = (2, 1, 3)$, $\overrightarrow{\mathrm{AB}} = (2, 2, -4)$ であるから

$$\overrightarrow{\mathrm{OP}} = (2, 1, 3) + t(2, 2, -4)$$
$$= (2+2t, 1+2t, 3-4t) \quad \cdots ①$$

よって

例題 9

$$|\overrightarrow{\mathrm{OP}}|^2 = (2+2t)^2 + (1+2t)^2 + (3-4t)^2$$
$$= 24t^2 - 12t + 14$$
$$= 24\left(t - \frac{1}{4}\right)^2 + \frac{25}{2}$$

◀$|\overrightarrow{\mathrm{OP}}|$ の最小値は $|\overrightarrow{\mathrm{OP}}|^2$ の最小値から考える。

$|\overrightarrow{\mathrm{OP}}|^2$ は $t = \frac{1}{4}$ のとき，最小値 $\frac{25}{2}$ をとる。

このとき $|\overrightarrow{\mathrm{OP}}|$ も最小となり，OP の最小値は

$$\frac{5}{\sqrt{2}} = \boldsymbol{\frac{5\sqrt{2}}{2}}$$

また，$t = \frac{1}{4}$ のとき，① より　$\overrightarrow{\mathrm{OP}} = \left(\frac{5}{2}, \frac{3}{2}, 2\right)$

したがって　$\mathbf{P}\left(\boldsymbol{\frac{5}{2}, \frac{3}{2}, 2}\right)$

〔別解〕 (解答6行目まで同じ)

直線 AB 上の点のうち，原点 O に最も近い点 P は

$\overrightarrow{\mathrm{OP}} \perp \overrightarrow{\mathrm{AB}}$ を満たすから　$\overrightarrow{\mathrm{OP}} \cdot \overrightarrow{\mathrm{AB}} = 0$

よって　$2(2+2t) + 2(1+2t) - 4(3-4t) = 0$

これを解くと　$t = \frac{1}{4}$　(以降同様)

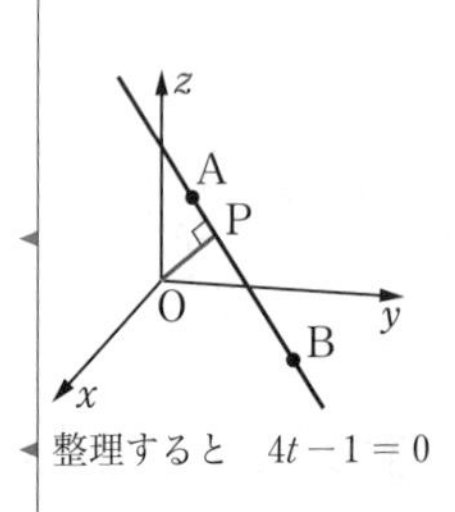

◀整理すると　$4t - 1 = 0$

練習 51 2点 A(−1, 2, 1), B(2, 1, 3) を通る直線 AB 上の点のうち，原点 O に最も近い点 P の座標を求めよ。

➡p.107 問題51

例題 52　球の方程式

★★☆☆

次の球の方程式を求めよ。

(1) 点 $(2,\ 1,\ -3)$ を中心とし，半径 5 の球

(2) 点 $\mathrm{C}(3,\ -2,\ 4)$ を中心とし，点 $\mathrm{P}(2,\ 0,\ 3)$ を通る球

(3) 2 点 $\mathrm{A}(-2,\ 1,\ 5)$，$\mathrm{B}(4,\ -3,\ -1)$ を直径の両端とする球

(4) 点 $(4,\ -3,\ 5)$ を中心とし，yz 平面に接する球

思考のプロセス

未知のものを文字でおく

球の表し方は，次の 2 つがある。

(ア) $(x-a)^2+(y-b)^2+(z-c)^2=r^2$　(標準形) ⟵ 中心や半径が分かる式 中心 $(a,\ b,\ c)$，半径 r

(イ) $x^2+y^2+z^2+kx+ly+mz+n=0$　(一般形)

ここでは，中心や半径に関する条件が与えられているから，標準形を用いる。

Action>> 球の方程式は，まず中心と半径に着目せよ

解 (1) 求める球の方程式は

$$(x-2)^2+(y-1)^2+(z+3)^2=25$$

(2) 半径を r とすると

$$r=\sqrt{(2-3)^2+\{0-(-2)\}^2+(3-4)^2}$$
$$=\sqrt{6}$$

◀ 半径 r は，2 点 C，P 間の距離である。

よって，求める球の方程式は

$$(x-3)^2+(y+2)^2+(z-4)^2=6$$

(3) 球の中心 C は線分 AB の中点であるから

$$\mathrm{C}\left(\frac{-2+4}{2},\ \frac{1+(-3)}{2},\ \frac{5+(-1)}{2}\right)$$

すなわち　$\mathrm{C}(1,\ -1,\ 2)$

また，半径は AC であり

◀ 線分 AB が直径であり，線分 AC が半径である。

$$\mathrm{AC}=\sqrt{\{1-(-2)\}^2+(-1-1)^2+(2-5)^2}$$
$$=\sqrt{22}$$

よって，求める球の方程式は

$$(x-1)^2+(y+1)^2+(z-2)^2=22$$

(4) 中心の x 座標が 4 であり，yz 平面に接することから球の半径は 4 である。よって，求める球の方程式は

$$(x-4)^2+(y+3)^2+(z-5)^2=16$$

◀

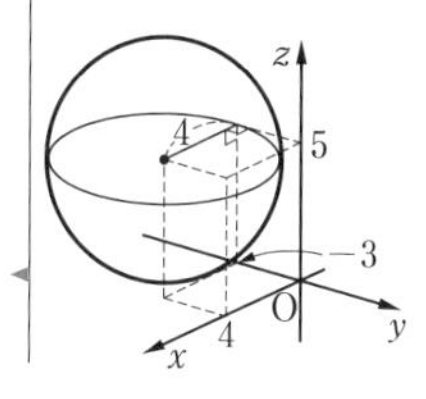

練習 52　次の球の方程式を求めよ。

(1) 点 $(-3,\ -2,\ 1)$ を中心とし，半径 4 の球

(2) 点 $\mathrm{C}(-3,\ 1,\ 2)$ を中心とし，点 $\mathrm{P}(-2,\ 5,\ 4)$ を通る球

(3) 2 点 $\mathrm{A}(2,\ -3,\ 1)$，$\mathrm{B}(-2,\ 3,\ -1)$ を直径の両端とする球

(4) 点 $(5,\ 5,\ -2)$ を通り，3 つの座標平面に同時に接する球

➡ p.107 問題52

Go Ahead 2　平面のベクトル方程式と空間のベクトル方程式

ここでは，平面における直線や円のベクトル方程式をもとにして，空間における3つの図形のベクトル方程式を考えてみましょう。

1．空間における直線のベクトル方程式

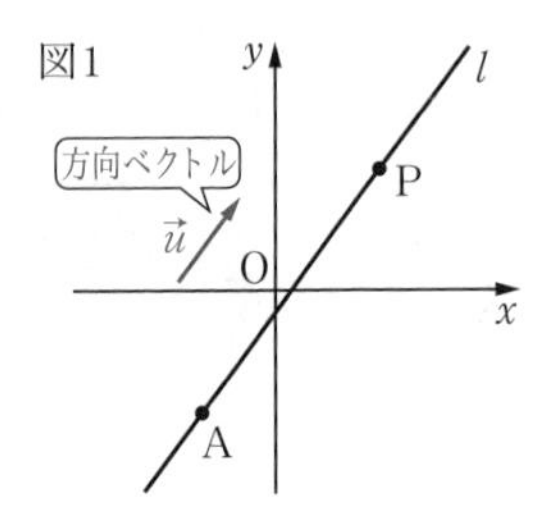

xy 平面に点 $A(\vec{a})$ を通り $\vec{u}$ に平行な直線 l があるとき，l 上の任意の点Pに対して $\overrightarrow{AP} /\!/ \vec{u}$ が成り立つから，実数 t を用いて $\overrightarrow{AP}=t\vec{u}$ と表すことができます。

このことから，$\vec{p}-\vec{a}=t\vec{u}$ より　$\vec{p}=\vec{a}+t\vec{u}$

すなわち，点 $A(\vec{a})$ を通り $\vec{u}$ に平行な直線のベクトル方程式は　$\vec{p}=\vec{a}+t\vec{u}$

となることは既に学習しました（図1）。

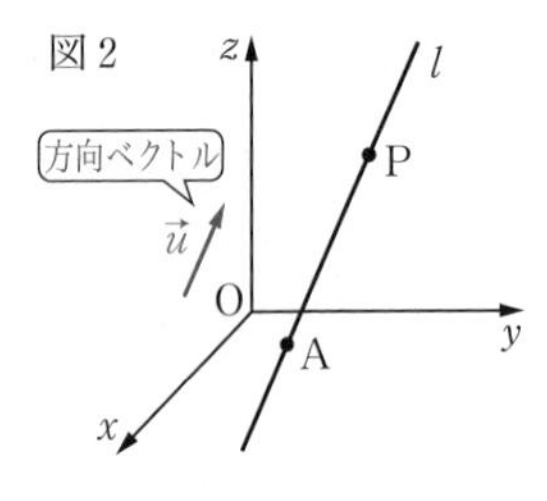

ここで，空間における直線について考えてみましょう。xyz 空間に点 $A(\vec{a})$ を通り $\vec{u}$ に平行な直線 l があるとき，平面における直線の場合と全く同様に，空間における直線 l 上の任意の点Pに対して $\overrightarrow{AP} /\!/ \vec{u}$ が成り立つことが分かります（図2）。よって，xyz 空間において点 $A(\vec{a})$ を通り $\vec{u}$ に平行な直線のベクトル方程式は　$\boldsymbol{\vec{p}=\vec{a}+t\vec{u}}$

となります。（このとき，$\vec{u}$ を直線 l の **方向ベクトル** といいます。）

2．空間における平面のベクトル方程式

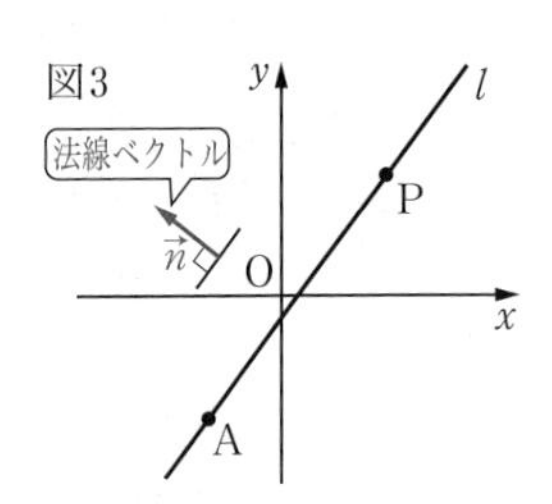

次に，xy 平面に点 $A(\vec{a})$ を通り $\vec{n}$ に垂直な直線 l があるとき，l 上の任意の点Pに対して $\vec{n}\perp\overrightarrow{AP}$ が成り立つから，$\vec{n}\cdot\overrightarrow{AP}=0$ より　$\vec{n}\cdot(\vec{p}-\vec{a})=0$

すなわち，点 $A(\vec{a})$ を通り $\vec{n}$ に垂直な直線のベクトル方程式は　$\vec{n}\cdot(\vec{p}-\vec{a})=0$

となることも既に学習しました（図3）。

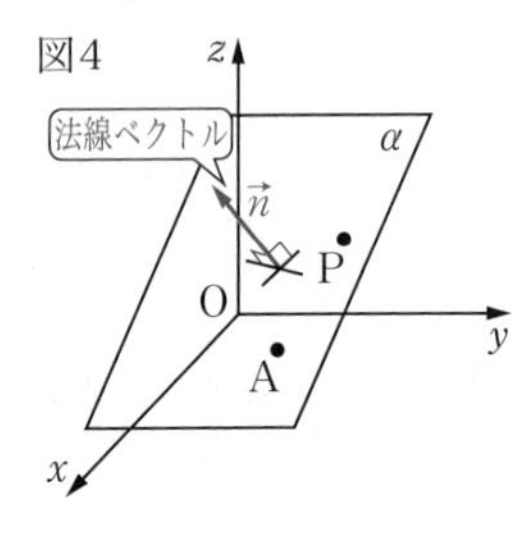

ここで，空間における平面について考えてみましょう。xyz 空間に点 $A(\vec{a})$ を通り $\vec{n}$ に垂直な平面 α があるとき，平面における直線の場合と全く同様に，平面 α 上の任意の点Pに対して $\vec{n}\perp\overrightarrow{AP}$ が成り立つことが分かります（図4）。よって，xyz 空間において点 $A(\vec{a})$ を通り $\vec{n}$ に垂直な平面のベクトル方程式は

$$\boldsymbol{\vec{n}\cdot(\vec{p}-\vec{a})=0}$$

となります。（このとき，$\vec{n}$ を平面 α の **法線ベクトル** といいます。）

3．空間における球のベクトル方程式

最後に，xy 平面に点 $C(\vec{c})$ を中心とする半径 r の円 C があるとき，円 C 上の任意の点 P に対して $|\overrightarrow{CP}|=r$ が成り立つから　　$|\vec{p}-\vec{c}|=r$

すなわち，点 $C(\vec{c})$ を中心とする半径 r の円 C のベクトル方程式は　　$|\vec{p}-\vec{c}|=r$

となることも，既に学習しました（図 5）。

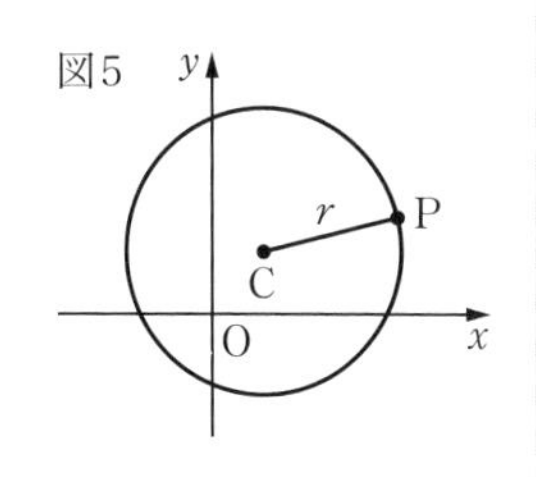

ここで，空間における球について考えてみましょう。xyz 空間に点 $C(\vec{c})$ を中心とする半径 r の球があるとき，平面における円の場合と全く同様に，この球上の任意の点 P に対して $|\overrightarrow{CP}|=r$ が成り立つことが分かります（図 6）。よって，xyz 空間において点 $C(\vec{c})$ を中心とする半径 r の球のベクトル方程式は

$$|\vec{p}-\vec{c}|=r$$

となります。

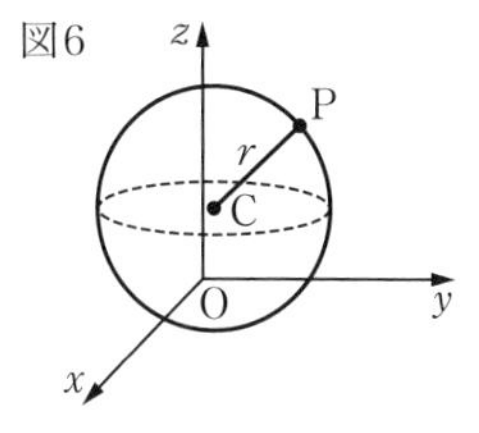

平面における図形のベクトル方程式は，
空間においてもそれぞれに対応する図形を表すんですね。

その通り。ベクトルの次元が変わっても
ベクトル方程式は変わらないのです。

まとめると，次のようになります。

ベクトル方程式	表す図形		備　考
	平面のベクトル	空間のベクトル	
$\vec{p}=\vec{a}+t\vec{u}$	直線	直線	$\vec{u}$ を方向ベクトルとし，点 $A(\vec{a})$ を通る
$\vec{n}\cdot(\vec{p}-\vec{a})=0$	直線	平面	$\vec{n}$ を法線ベクトルとし，点 $A(\vec{a})$ を通る
$|\vec{p}-\vec{c}|=r$	円	球	点 $C(\vec{c})$ を中心とし，半径は r

チャレンジ〈2〉　次の平面におけるベクトル方程式は，どのような図形を表すか。また，空間におけるベクトル方程式の場合には，どのような図形を表すか。

ただし，$A(\vec{a})$，$B(\vec{b})$ は定点であるとする。

(1)　$3\vec{p}-(3t+2)\vec{a}-(3t+1)\vec{b}=\vec{0}$

(2)　$(\vec{p}-\vec{a})\cdot(\vec{p}-\vec{b})=0$

（⇨ 解答編 p.63）

Go Ahead 3　空間における平面と直線の方程式

xy 平面において，直線は（例えば，$3x-5y=4$ のように）x と y の1次方程式 $ax+by+c=0$ の形で表すことができます。ここでは，xyz 空間における平面と直線がどのような方程式で表されるかについて学習してみましょう。

1．空間における平面の方程式

xyz 空間において，点 $\mathrm{A}(x_1,\ y_1,\ z_1)$ を通り $\vec{n}=(a,\ b,\ c)$ に垂直な平面 α の方程式を考えましょう。**Go Ahead** 2 で学習したように，この平面 α 上の任意の点 $\mathrm{P}(x,\ y,\ z)$ に対して $\vec{n}\perp\overrightarrow{\mathrm{AP}}$ が成り立つことから，平面 α のベクトル方程式は $\vec{n}\cdot(\vec{p}-\vec{a})=0$ …① となります。ここで $\vec{n}=(a,\ b,\ c)$，$\vec{p}-\vec{a}=(x-x_1,\ y-y_1,\ z-z_1)$ より，

① は　$a(x-x_1)+b(y-y_1)+c(z-z_1)=0$　…②

さらに，② を整理すると $ax+by+cz-(ax_1+by_1+cz_1)=0$

$d=-(ax_1+by_1+cz_1)$ とおくと，② は $ax+by+cz+d=0$ となります。

空間における平面の方程式

(1)　xyz 空間において，点 $\mathrm{A}(x_1,\ y_1,\ z_1)$ を通りベクトル $\vec{n}=(a,\ b,\ c)$ に垂直な平面の方程式は　$\boldsymbol{a(x-x_1)+b(y-y_1)+c(z-z_1)=0}$

(2)　xyz 空間において，平面は $x,\ y,\ z$ の1次方程式 $\boldsymbol{ax+by+cz+d=0}$ の形に表すことができる。また，この平面は $\vec{n}=(a,\ b,\ c)$ に垂直である。

［例］(1)　点 $\mathrm{A}(3,\ 5,\ -2)$ を通り $\vec{n}=(2,\ 3,\ -2)$ に垂直な平面の方程式は

$2(x-3)+3(y-5)-2(z+2)=0$　すなわち　$2x+3y-2z-25=0$

(2)　方程式 $4x-y-2z=3$ は $\vec{n}=(4,\ -1,\ -2)$ に垂直な平面を表す。

2．空間における直線の方程式

次に，xyz 空間において，点 $\mathrm{A}(x_1,\ y_1,\ z_1)$ を通り $\vec{u}=(a,\ b,\ c)$ に平行な直線 l の方程式を考えましょう。**Go Ahead** 2 で学習したように，この直線 l 上の任意の点 $\mathrm{P}(x,\ y,\ z)$ に対して $\overrightarrow{\mathrm{AP}}\,/\!/\,\vec{u}$ が成り立つことから，直線 l のベクトル方程式は実数 t を用いて $\vec{p}=\vec{a}+t\vec{u}$ …③ となります。ここで，$\vec{p}=(x,\ y,\ z)$，$\vec{u}=(a,\ b,\ c)$，$\vec{a}=(x_1,\ y_1,\ z_1)$ であるから，③ は

$$(x,\ y,\ z)=(x_1,\ y_1,\ z_1)+t(a,\ b,\ c)$$
$$=(x_1+at,\ y_1+bt,\ z_1+ct)$$

すなわち　$\begin{cases} x=x_1+at \\ y=y_1+bt \\ z=z_1+ct \end{cases}$　…④ が成り立ちます。

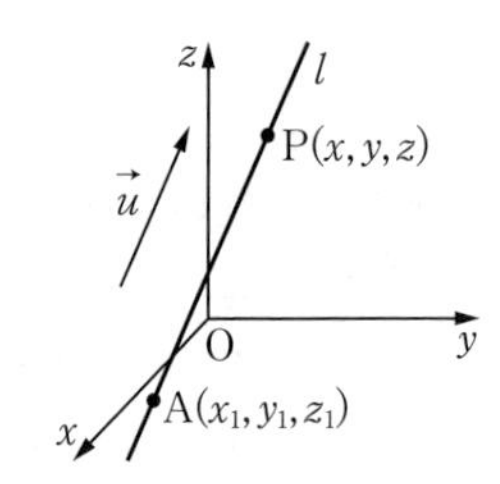

これを，空間における直線の媒介変数表示，t を媒介変数といいます。

さらに，④は $abc \neq 0$ のとき $\dfrac{x-x_1}{a}=\dfrac{y-y_1}{b}=\dfrac{z-z_1}{c}=t$ と変形できます。

空間における直線の方程式

xyz 空間において，点 $\mathrm{A}(x_1,\ y_1,\ z_1)$ を通りベクトル $\vec{u}=(a,\ b,\ c)$ に平行な直線 l がある。

(1) この直線 l を，媒介変数 t を用いて表すと $\begin{cases} \boldsymbol{x=x_1+at} \\ \boldsymbol{y=y_1+bt} \\ \boldsymbol{z=z_1+ct} \end{cases}$

(2) $abc \neq 0$ のとき，この直線の方程式は $\boldsymbol{\dfrac{x-x_1}{a}=\dfrac{y-y_1}{b}=\dfrac{z-z_1}{c}}$

［例］(1) 点 $\mathrm{A}(3,\ 2,\ -1)$ を通り $\vec{u}=(5,\ 6,\ -4)$ に平行な直線を，媒介変数表示すると

$\begin{cases} x=3+5t \\ y=2+6t \\ z=-1-4t \end{cases}$ よって，この直線の方程式は $\dfrac{x-3}{5}=\dfrac{y-2}{6}=\dfrac{z+1}{-4}$

(2) 点 $\mathrm{A}(-2,\ -4,\ 3)$ を通り $\vec{u}=(1,\ -3,\ 0)$ に平行な直線を，媒介変数表示すると

$\begin{cases} x=-2+t \\ y=-4-3t \\ z=3 \end{cases}$ よって，この直線の方程式は $x+2=\dfrac{y+4}{-3},\ z=3$

例題 空間に，$\vec{n}=(2,\ 3,\ -1)$ を法線ベクトルとし点 $\mathrm{A}(-1,\ 2,\ 5)$ を通る平面 α と，$\vec{u}=(1,\ -1,\ 2)$ を方向ベクトルとし点 $\mathrm{B}(3,\ 2,\ -2)$ を通る直線 l がある。

(1) 平面 α と直線 l の方程式を求めよ。

(2) 平面 α と直線 l の交点 P の座標を求めよ。

解答 (1) 平面 α の方程式は

$2(x+1)+3(y-2)+(-1)(z-5)=0$ より

$\boldsymbol{2x+3y-z+1=0}$ …①

直線 l の方程式は $\dfrac{x-3}{1}=\dfrac{y-2}{-1}=\dfrac{z+2}{2}$ より

$\boldsymbol{x-3=-y+2=\dfrac{z+2}{2}}$

(2) $x-3=-y+2=\dfrac{z+2}{2}=t$ とおくと

$x=t+3,\ y=-t+2,\ z=2t-2$ …②

← 直線 l を媒介変数 t を用いて表す。

②を①に代入して解くと $t=5$

← ①，②を連立させる。

②より $x=8,\ y=-3,\ z=8$

よって，求める交点 P の座標は $\mathbf{P(8,\ -3,\ 8)}$

例題 53　点と平面の距離　★★★☆

空間に $\vec{n}=(1,\ 2,\ -3)$ を法線ベクトルとし，点 $\mathrm{A}(-1,\ 2,\ -1)$ を通る平面 α がある。
(1) 平面 α の方程式を求めよ。
(2) 点 $\mathrm{P}(3,\ 5,\ -7)$ から平面 α に下ろした垂線を PH とする。点 H の座標を求めよ。また，点 P と平面 α の距離を求めよ。

思考のプロセス

(1) 点 $\mathrm{A}(x_1,\ y_1,\ z_1)$ を通り，
法線ベクトルが $\vec{n}=(a,\ b,\ c)$ である
平面の方程式は
$$a(x-x_1)+b(y-y_1)+c(z-z_1)=0$$

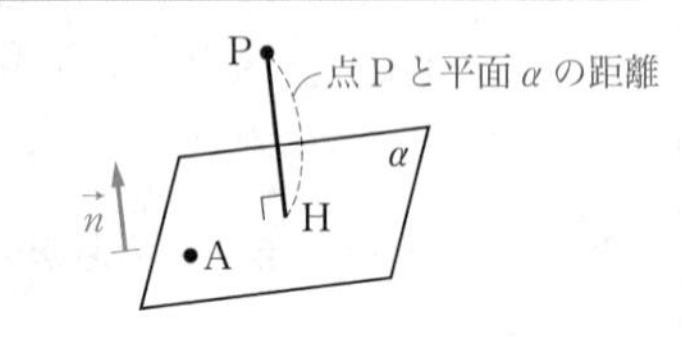

(2) 見方を変える

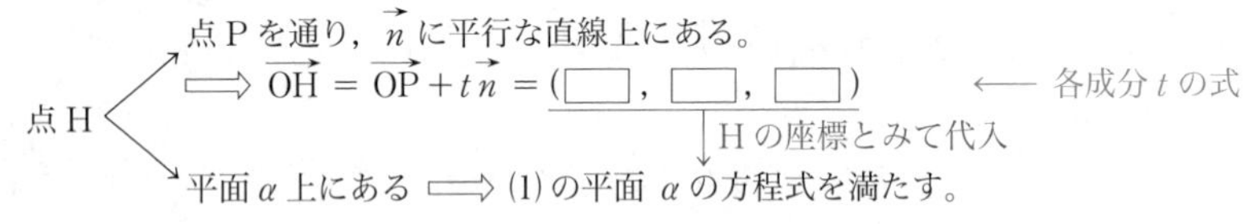

点 P を通り，n に平行な直線上にある。
⟹ OH = OP + tn = (, ,)
← 各成分 t の式
点 H
H の座標とみて代入
平面 α 上にある ⟹ (1) の平面 α の方程式を満たす。

Action>> 平面の方程式は，$a(x-x_1)+b(y-y_1)+c(z-z_1)=0$ とせよ

解 (1) $1(x+1)+2(y-2)-3(z+1)=0$ より
$$\boldsymbol{x+2y-3z-6=0} \quad \cdots ①$$

(2) 直線 PH は $\vec{n}$ に平行であるから，
$\overrightarrow{\mathrm{OH}}=\overrightarrow{\mathrm{OP}}+t\vec{n}$ （t は実数）とおける。

◀ 点 H は点 P を通り，$\vec{n}$ に平行な直線上にある。

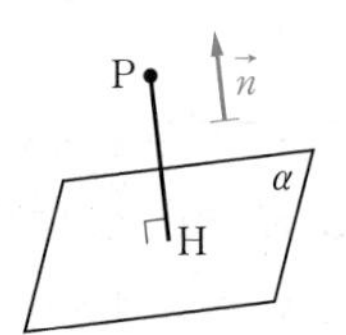

$$\overrightarrow{\mathrm{OH}}=(3,\ 5,\ -7)+t(1,\ 2,\ -3)$$
$$=(t+3,\ 2t+5,\ -3t-7)$$
よって
$$\mathrm{H}(t+3,\ 2t+5,\ -3t-7)$$
点 H は平面 α 上にあるから
$$(t+3)+2(2t+5)-3(-3t-7)-6=0$$
$$14t+28=0$$

◀ ① に $x=t+3$, $y=2t+5$, $z=-3t-7$ を代入する。

ゆえに　$t=-2$

したがって　$\boldsymbol{\mathrm{H}(1,\ 1,\ -1)}$

◀ $\mathrm{H}(t+3,\ 2t+5,\ -3t-7)$ に $t=-2$ を代入する。

また，点 P と平面 α の距離は，線分 PH の長さであるから
$$\mathrm{PH}=\sqrt{(1-3)^2+(1-5)^2+(-1+7)^2}=\boldsymbol{2\sqrt{14}}$$

練習 53 空間に $\vec{n}=(2,\ 1,\ -3)$ を法線ベクトルとし，点 $\mathrm{A}(1,\ -4,\ 2)$ を通る平面 α がある。
(1) 平面 α の方程式を求めよ。
(2) 点 $\mathrm{P}(4,\ -3,\ 9)$ から平面 α に下ろした垂線を PH とする。点 H の座標を求めよ。また，点 P と平面 α の距離を求めよ。

➡p.107 問題53

空間におけるベクトル

▶▶解答編 p.64

33 ★★☆☆
点 A$(x,\ y,\ -4)$ を y 軸に関して対称移動し，さらに，zx 平面に関して対称移動すると，点 B$(2,\ -1,\ z)$ となる。このとき，x，y，z の値を求めよ。

34 ★★☆☆
正四面体 ABCD の 3 つの頂点が A$(2,\ 1,\ 1)$，B$(3,\ 2,\ -1)$，C$(1,\ 3,\ 0)$ であるとき，頂点 D の座標を求めよ。

35 ★★☆☆
平行六面体 ABCD－EFGH において，次の等式が成り立つことを証明せよ。

(1) $\overrightarrow{AC}+\overrightarrow{AH}+\overrightarrow{AF}=2\overrightarrow{AG}$　　(2) $\overrightarrow{AG}+\overrightarrow{BH}+\overrightarrow{CE}+\overrightarrow{DF}=4\overrightarrow{AE}$

36 ★★☆☆
5 点 A$(2,\ -1,\ 1)$，B$(-1,\ 2,\ 3)$，C$(3,\ 0,\ -1)$，D$(1,\ -1,\ 2)$，E$(0,\ 6,\ 0)$ がある。$\overrightarrow{AE}$ を $\overrightarrow{AB}$，$\overrightarrow{AC}$，$\overrightarrow{AD}$ を用いて表せ。

37 ★★☆☆
4 点 A$(-1,\ 2,\ 3)$，B$(2,\ 5,\ 4)$，C$(3,\ -3,\ -2)$，D$(a,\ b,\ c)$ を頂点とする四角形 ABCD が平行四辺形となるとき，点 D の座標を求めよ。

38 ★★★☆
4 点 O$(0,\ 0,\ 0)$，A$(3,\ 3,\ 0)$，B$(0,\ 3,\ -3)$，C$(3,\ 0,\ -3)$ を頂点とする正四面体 OABC がある。2 点 P，Q がそれぞれ線分 OC，線分 AB 上を動くとき，PQ の最小値を求めよ。　（福井大・改）

39 ★★☆☆
1 辺の長さが 2 の正四面体 ABCD で，CD の中点を M とする。次の内積を求めよ。

(1) $\overrightarrow{AB}\cdot\overrightarrow{AC}$　　(2) $\overrightarrow{BC}\cdot\overrightarrow{CD}$

(3) $\overrightarrow{AB}\cdot\overrightarrow{CD}$　　(4) $\overrightarrow{MA}\cdot\overrightarrow{MB}$

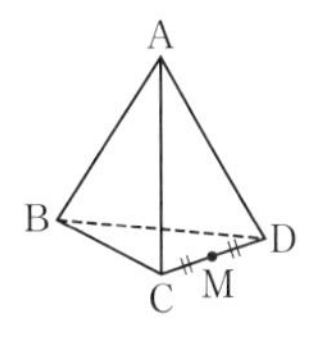

40 ★★☆☆
3 点 A$(0,\ 5,\ 5)$，B$(2,\ 3,\ 4)$，C$(6,\ -2,\ 7)$ について，△ABC の面積を求めよ。

41 ★★☆☆
$\vec{a}=(1,\ 3,\ -2)$ となす角が $60°$，$\vec{b}=(1,\ -1,\ -1)$ と垂直で，大きさが $\sqrt{14}$ であるベクトルを求めよ。

42 ★★☆☆
△ABC の辺 AB，BC，CA の中点を P$(-1,\ 5,\ 2)$，Q$(-2,\ 2,\ -2)$，R$(1,\ 1,\ -1)$ とする。
(1) 頂点 A，B，C の座標を求めよ。　(2) △ABC の重心の座標を求めよ。

43 ★★☆☆
四面体 ABCD において，辺 AB を 2:3 に内分する点を L，辺 CD の中点を M，線分 LM を 4:5 に内分する点を N，△BCD の重心を G とするとき，線分 AG は N を通ることを示せ。また，AN:NG を求めよ。

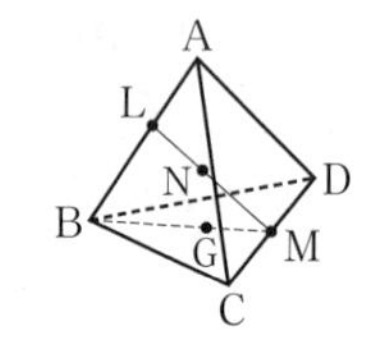

44 ★★★☆
正四面体 OABC において，$\overrightarrow{OA}=\vec{a}$，$\overrightarrow{OB}=\vec{b}$，$\overrightarrow{OC}=\vec{c}$ とする。線分 AB を 1:2 に内分する点を L，線分 BC の中点を M，線分 OC を $t:(1-t)$ に内分する点を N とする。さらに，線分 AM と CL の交点を P とし，線分 OP と LN の交点を Q とする。ただし，$0<t<1$ である。このとき，$\overrightarrow{OP}$，$\overrightarrow{OQ}$ を t，$\vec{a}$，$\vec{b}$，$\vec{c}$ を用いて表せ。

45 ★★☆☆
4 点 A$(1,\ 1,\ 1)$，B$(2,\ 3,\ 2)$，C$(-1,\ -2,\ -3)$，D$(m+6,\ 1,\ m+10)$ が同一平面上にあるとき，m の値を求めよ。

46 ★★☆☆
平行六面体 ABCD−EFGH において，辺 CD を 2:1 に内分する点を P，辺 FG を 1:2 に内分する点を Q とし，直線 CE と平面 APQ との交点を R とする。$\overrightarrow{AB}=\vec{a}$，$\overrightarrow{AD}=\vec{b}$，$\overrightarrow{AE}=\vec{c}$ として，$\overrightarrow{AR}$ を $\vec{a}$，$\vec{b}$，$\vec{c}$ で表せ。

47 ★★★☆
4 点 O$(0,\ 0,\ 0)$，A$(-1,\ -1,\ 3)$，B$(1,\ 0,\ 4)$，C$(0,\ 1,\ 4)$ がある。△ABC の面積および四面体 OABC の体積を求めよ。

48 ★★★☆ 4点 $O(0,\ 0,\ 0)$, $A(1,\ 2,\ 1)$, $B(2,\ 0,\ 0)$, $C(-2,\ 1,\ 3)$ を頂点とする四面体において，点Cから平面OABに下ろした垂線をCHとする。

(1) △OABの面積を求めよ。　　(2) 点Hの座標を求めよ。

(3) 四面体OABCの体積を求めよ。

49 ★★★☆ 四面体ABCDにおいて，次のことを証明せよ。

(1) $AB \perp CD$, $AC \perp BD$　ならば　$AD \perp BC$

(2) $AB \perp CD$　ならば　$AC^2+BD^2=AD^2+BC^2$

50 ★★★☆ $OA=2$, $OB=3$, $OC=4$, $\angle AOB=\angle BOC=\angle COA=60^\circ$ である四面体OABCの内部に点Pがあり，等式 $3\overrightarrow{PO}+3\overrightarrow{PA}+2\overrightarrow{PB}+\overrightarrow{PC}=\vec{0}$ が成り立っている。

(1) 直線OPと底面ABCの交点をQ，直線AQと辺BCの交点をRとするとき，BR：RC，AQ：QR，OP：PQを求めよ。

(2) 4つの四面体PABC，POBC，POCA，POABの体積比を求めよ。

(3) 線分OQの長さを求めよ。

51 ★★★☆ 2点 $A(3,\ 4,\ 2)$, $B(4,\ 3,\ 2)$ を通る直線 l 上に点Pを，2点 $C(2,\ -3,\ 4)$, $D(1,\ -2,\ 3)$ を通る直線 m 上に点Qをとる。線分PQの長さが最小となるような2点P，Qの座標を求めよ。

52 ★★★☆ 点 $(-5,\ 1,\ 4)$ を通り，3つの座標平面に同時に接する球の方程式を求めよ。

53 ★★★☆ 原点Oから平面 $\alpha : x+2y-2z+18=0$ に下ろした垂線をOHとする。

(1) 点Hの座標を求めよ。

(2) 平面 α に関して，点Oと対称な点Pの座標を求めよ。

定期テスト攻略 ▶ 4

▶▶解答編 p.78

1 $\vec{a}=\left(-1,\ \frac{1}{5},\ \frac{4}{5}\right)$, $\vec{b}=\left(-1,\ \frac{8}{5},\ -\frac{3}{5}\right)$ とする。

(1) $\vec{c}=\vec{a}-2\vec{b}$, $\vec{d}=2\vec{a}+\vec{b}$ のとき，$\vec{c}$, $\vec{d}$ を成分で表せ。

(2) $|\vec{c}|$, $|\vec{d}|$ を求めよ。

(3) $\vec{c}\cdot\vec{d}$ を求めよ。

(4) $\vec{c}$ と $\vec{d}$ のなす角 θ $(0^\circ \leqq \theta \leqq 180^\circ)$ を求めよ。

◀例題37, 40

2 $\vec{a}=(6,\ -3,\ 2)$ について

(1) $\vec{a}$ と $\vec{b}=(3,\ y,\ z)$ が平行のとき，$\vec{b}$ を求めよ。

(2) $\vec{a}$ と $\vec{c}=(x,\ 2,\ 7)$ が垂直のとき，$\vec{c}$ を求めよ。

◀例題38, 41

3 2つのベクトル $\vec{a}=(1,\ 2,\ 3)$, $\vec{b}=(2,\ 0,\ -1)$ がある。実数 t に対し $\vec{c}=\vec{a}+t\vec{b}$ とする。

(1) $\vec{b}$ と $\vec{c}$ が直交するような実数 t の値を求めよ。

(2) $|\vec{c}|$ の最小値，およびそのときの実数 t の値を求めよ。

◀例題38, 41

4 直方体 OADB−CEGF において，辺 DG を 2:1 に外分する点を H とし，直線 OH と平面 ABC の交点を P とする。

(1) $\overrightarrow{\mathrm{OP}}$ を $\overrightarrow{\mathrm{OA}}$, $\overrightarrow{\mathrm{OB}}$, $\overrightarrow{\mathrm{OC}}$ を用いて表せ。

(2) OP：OH を求めよ。

◀例題46

5 次の球の方程式を求めよ。

(1) 点 A$(-1,\ 2,\ -3)$ を中心とし，点 B$(-2,\ 4,\ 2)$ を通る球

(2) 2点 A$(-4,\ -2,\ 1)$, B$(2,\ 0,\ 5)$ を直径の両端とする球

(3) 点 A$(1,\ -2,\ 4)$ を中心とし，z 軸に接する球

◀例題52

6 花子さんと太郎さんと先生は，テレビのニュースについて話をしている。

花子：テレビでニュースになっていた「ニアミス」って知ってる？
太郎：「ニアミス」とは，航空用語の一種で，空中を移動中の飛行機どうしが異常に接近する状態のことを示すんだ。ものすごい速さの飛行機が接近するんだから，かなり危険なことだよね。
花子：二機の飛行機が最も接近する状態とはどういうときなんだろう？
先生：数学的に考えてみよう。まず，二機の飛行機の航路をそれぞれ直線と仮定します。そして，それぞれの直線上に飛行機の位置を表す動点 P，Q をとります。二機の飛行機が最も接近するときというのは，この線分 PQ の長さが最も小さくなるときだといえるね。では，2 直線の間の最短距離を求める次の問題に取り組んでみよう。

問題　空間座標において，2 点 A(3，0，2)，B(4，1，1) を通る直線と，2 点 C(−2，1，−3)，D(0，0，1) を通る直線の最短距離を求めよ。

太郎：ベクトルを使って解いてみよう。直線 AB 上を動く点を P とすると，$\overrightarrow{AB}=($ ア ，イ ，ウエ $)$ だから，実数 s を用いて

$$\overrightarrow{OP}=\overrightarrow{OA}+s\overrightarrow{AB}=(\boxed{オ}+s,\ s,\ \boxed{カ}-s)$$

と表せるよ。
花子：同じようにして，直線 CD 上を動く点を Q とすると，実数 t を用いて

$$\overrightarrow{OQ}=\overrightarrow{OD}+t\overrightarrow{CD}=(\boxed{キ}t,\ -t,\ \boxed{ク}+\boxed{ケ}t)$$

と表せるね。
太郎：あとは，$|\overrightarrow{PQ}|^2$ を求めてみよう。
花子：

$$|\overrightarrow{PQ}|^2=\boxed{コ}\left(s+t+\frac{\boxed{サ}}{\boxed{シ}}\right)^2+\boxed{スセ}\left(t-\frac{\boxed{ソ}}{\boxed{タ}}\right)^2+\frac{\boxed{チ}}{\boxed{ツ}}$$

になるね。
太郎：この式より，$s=\dfrac{\boxed{テト}}{\boxed{ナ}}$，$t=\dfrac{\boxed{ソ}}{\boxed{タ}}$ のとき，2 直線の間の最短距離の値は，$\sqrt{\dfrac{\boxed{チ}}{\boxed{ツ}}}$ となることが求められたね。
花子：この条件で，二機の飛行機がそれぞれ点 P と点 Q に同時に存在するとき，最も接近するといえるね。

ア ～ ナ に当てはまる数を求めよ。

この章の解説動画と
デジタルコンテンツは
こちら →

入試編

融合例題 1　ベクトルのなす角と領域

O を原点とする座標平面上の放物線 $y=x^2$ 上に 2 点 $\mathrm{A}(a,\ a^2)$, $\mathrm{B}(b,\ b^2)$ をとり，$t=\overrightarrow{\mathrm{OA}}\cdot\overrightarrow{\mathrm{OB}}$ とおく。ただし，$a \leqq b$ とする。

(1)　t の最小値を求めよ。

(2)　2 つのベクトル $\overrightarrow{\mathrm{OA}}$, $\overrightarrow{\mathrm{OB}}$ のなす角を θ とする。t が (1) で求めた最小値をとるとき，$\cos\theta$ の最小値，およびそのときの 2 点 A, B の座標を求めよ。

(3)　$a>0$ かつ $t=2$ のとき，$\overrightarrow{\mathrm{OP}}=\overrightarrow{\mathrm{OA}}+\overrightarrow{\mathrm{OB}}$ とおく。点 P の存在範囲を図示せよ。

≪ReAction 2つのベクトルのなす角は，内積の定義を利用せよ ◀例題11

Action≫ 積 ab が一定のとき，$a+b$ の値の範囲は相加・相乗平均の関係を用いよ

解 (1)　$\overrightarrow{\mathrm{OA}}=(a,\ a^2)$, $\overrightarrow{\mathrm{OB}}=(b,\ b^2)$ であるから

$$t=a\times b+a^2\times b^2=(ab)^2+ab=\left(ab+\frac{1}{2}\right)^2-\frac{1}{4}$$

ab はすべての実数値をとるから，t は

$$ab=-\frac{1}{2} \text{ のとき　} \textbf{最小値 } -\frac{1}{4}$$

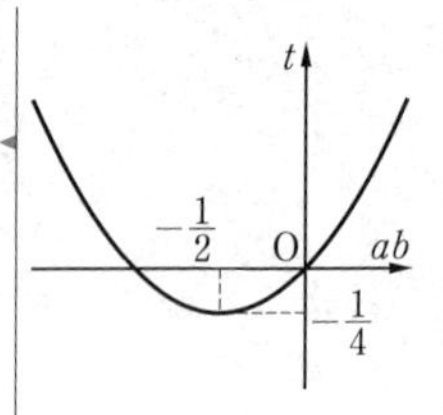

(2)　$ab=-\dfrac{1}{2}$ のとき，$(ab)^2=\dfrac{1}{4}$ より

$$\begin{aligned}|\overrightarrow{\mathrm{OA}}|^2|\overrightarrow{\mathrm{OB}}|^2&=(a^2+a^4)(b^2+b^4)\\&=(ab)^2\{1+a^2+b^2+(ab)^2\}\\&=\frac{1}{4}\left(a^2+b^2+\frac{5}{4}\right)\quad\cdots①\end{aligned}$$

◀ $|\overrightarrow{\mathrm{OA}}|^2=\left(\sqrt{a^2+(a^2)^2}\right)^2$
$|\overrightarrow{\mathrm{OB}}|^2=\left(\sqrt{b^2+(b^2)^2}\right)^2$

ここで $a^2\geqq 0$, $b^2\geqq 0$ であるから，相加平均と相乗平均の関係により

$$a^2+b^2\geqq 2\sqrt{a^2b^2}=2\sqrt{(ab)^2}=1\quad\cdots②$$

◀ $ab=-\dfrac{1}{2}$ より
$2\sqrt{(ab)^2}=2\sqrt{\dfrac{1}{4}}=1$

等号が成立するのは $a^2=b^2$ すなわち $b=\pm a$ のときであり，$ab=-\dfrac{1}{2}$, $a\leqq b$ より $a=-\dfrac{\sqrt{2}}{2}$, $b=\dfrac{\sqrt{2}}{2}$

①, ② より　$|\overrightarrow{\mathrm{OA}}|^2|\overrightarrow{\mathrm{OB}}|^2\geqq\dfrac{1}{4}\left(1+\dfrac{5}{4}\right)=\dfrac{9}{16}$

$|\overrightarrow{\mathrm{OA}}|\geqq 0$, $|\overrightarrow{\mathrm{OB}}|\geqq 0$ であるから　$|\overrightarrow{\mathrm{OA}}||\overrightarrow{\mathrm{OB}}|\geqq\dfrac{3}{4}$

◀ $X>0$, $k>0$ のとき
$X^2\geqq k \iff X\geqq\sqrt{k}$

例題11

よって　$\cos\theta=\dfrac{\overrightarrow{\mathrm{OA}}\cdot\overrightarrow{\mathrm{OB}}}{|\overrightarrow{\mathrm{OA}}||\overrightarrow{\mathrm{OB}}|}\geqq\dfrac{-\frac{1}{4}}{\frac{3}{4}}=-\dfrac{1}{3}$

◀ $\dfrac{1}{|\overrightarrow{\mathrm{OA}}||\overrightarrow{\mathrm{OB}}|}\leqq\dfrac{4}{3}$ の両辺に $\overrightarrow{\mathrm{OA}}\cdot\overrightarrow{\mathrm{OB}}$ を掛ける。

したがって，$\cos\theta$ の **最小値は** $-\dfrac{1}{3}$ であり，このとき

$$\mathrm{A}\left(-\frac{\sqrt{2}}{2},\ \frac{1}{2}\right),\ \mathrm{B}\left(\frac{\sqrt{2}}{2},\ \frac{1}{2}\right)$$

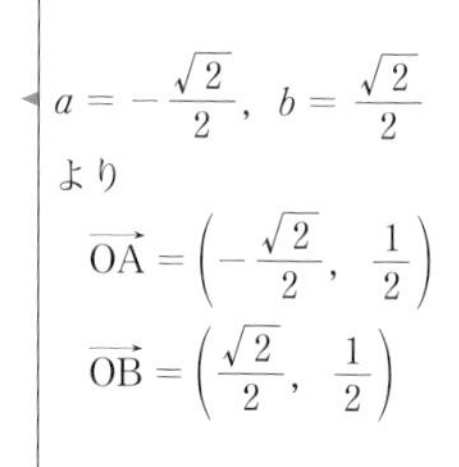

◀ $a=-\dfrac{\sqrt{2}}{2}$，$b=\dfrac{\sqrt{2}}{2}$ より

$\overrightarrow{\mathrm{OA}}=\left(-\dfrac{\sqrt{2}}{2},\ \dfrac{1}{2}\right)$

$\overrightarrow{\mathrm{OB}}=\left(\dfrac{\sqrt{2}}{2},\ \dfrac{1}{2}\right)$

(3) $t=2$ のとき，$(ab)^2+ab=2$ より

$$(ab+2)(ab-1)=0$$

$0<a\leqq b$ より，$ab>0$ であるから　　$ab=1$

$$\overrightarrow{\mathrm{OP}}=\overrightarrow{\mathrm{OA}}+\overrightarrow{\mathrm{OB}}$$
$$=(a,\ a^2)+(b,\ b^2)=(a+b,\ a^2+b^2)$$

ここで，$\overrightarrow{\mathrm{OP}}=(x,\ y)$ とおくと

$$x=a+b,\ y=a^2+b^2$$

ゆえに　　$y=(a+b)^2-2ab=x^2-2$

ただし，$0<a\leqq b$ であるから，

相加平均と相乗平均の関係により

$$x=a+b\geqq 2\sqrt{ab}=2$$

等号は $a=b=1$ のとき成立する。したがって，点Pの存在範囲は放物線 $y=x^2-2$ の $x\geqq 2$ の部分で **右の図**。

◀ $0<a\leqq b$ より $x=a+b>0$ だけでは不十分である。

練習1　Oを原点とする座標平面上の放物線 $y=-\dfrac{1}{2}x^2$ 上に2点 $\mathrm{A}\left(a,\ -\dfrac{1}{2}a^2\right)$，$\mathrm{B}\left(b,\ -\dfrac{1}{2}b^2\right)$ をとり，$t=\overrightarrow{\mathrm{OA}}\cdot\overrightarrow{\mathrm{OB}}$ とおく。ただし，$a\leqq b$ とする。

(1) t の最小値 t_0 を求めよ。

(2) $\overrightarrow{\mathrm{OA}}$ と $\overrightarrow{\mathrm{OB}}$ のなす角を θ とおく。$t=t_0$ のとき，$\cos\theta$ の最小値およびそのときの2点A，Bの座標を求めよ。

(3) $\overrightarrow{\mathrm{OP}}=\overrightarrow{\mathrm{OA}}+\overrightarrow{\mathrm{OB}}$ とおく。$a>0$ かつ $t=3$ のとき，点Pの存在範囲を図示せよ。

問題1　xy 平面上に3点 $\mathrm{O}(0,\ 0)$，$\mathrm{P}(p_x,\ p_y)$，$\mathrm{Q}(q_x,\ q_y)$ がある。Pは曲線 $y=\dfrac{1}{x}$ 上に，またQは曲線 $y=-\dfrac{1}{x}$ 上にあり，$q_x<0<p_x$ かつ $\overrightarrow{\mathrm{OP}}\cdot\overrightarrow{\mathrm{OQ}}=0$ である。$p=p_x$ とするとき，次の問に答えよ。

(1) q_x，q_y をそれぞれ p の式として表せ。

(2) $\overrightarrow{\mathrm{OR}}=\dfrac{1}{2}(\overrightarrow{\mathrm{OP}}+\overrightarrow{\mathrm{OQ}})$ となる点Rの座標を $(r,\ s)$ とおくとき，s を r の式として，p を含まない形で表せ。

(3) △OPQの面積 S を p を用いて表し，S の最小値と，そのときの p の値を求めよ。

（山梨大　改）

融合例題 2　立体を平面で切った断面の面積

1辺の長さが1の正方形を底面とする直方体 OABC－DEFG を考える。3点 P，Q，R をそれぞれ辺 AE，BF，CG 上に，4点 O，P，Q，R が同一平面上にあるようにとる。さらに，$\angle AOP = \alpha$，$\angle COR = \beta$，四角形 OPQR の面積を S とおく。

(1)　S を $\tan\alpha$ と $\tan\beta$ を用いて表せ。

(2)　$\alpha + \beta = \dfrac{\pi}{4}$，$S = \dfrac{7}{6}$ であるとき，$\tan\alpha + \tan\beta$ の値を求めよ。

さらに，$\alpha \leqq \beta$ のとき，$\tan\alpha$ の値を求めよ。　（東京大）

«ReAction 平面 ABC 上の点 P は，$\overrightarrow{AP} = s\overrightarrow{AB} + t\overrightarrow{AC}$ とおけ　◀例題45

Action» △ABC の面積は，$\dfrac{1}{2}\sqrt{|\overrightarrow{AB}|^2|\overrightarrow{AC}|^2 - (\overrightarrow{AB}\cdot\overrightarrow{AC})^2}$ を利用せよ

解 (1)　O を原点とし，OA を x 軸，OC を y 軸，OD を z 軸とする空間座標を考える。

$OA = OC = 1$，$\angle OAP = \angle OCR = \dfrac{\pi}{2}$

$\angle AOP = \alpha$，$\angle COR = \beta$

であるから　　$AP = \tan\alpha$，$CR = \tan\beta$

よって，点 P，R の座標はそれぞれ

$P(1,\ 0,\ \tan\alpha)$，$R(0,\ 1,\ \tan\beta)$

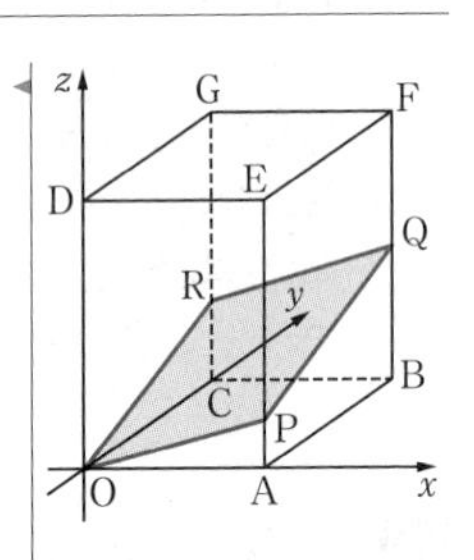

例題45　次に，4点 O，P，Q，R は同一平面上にあるから

$\overrightarrow{OQ} = s\overrightarrow{OP} + t\overrightarrow{OR}$　(s，t は実数)　…①

とおける。よって

$\overrightarrow{OQ} = s(1,\ 0,\ \tan\alpha) + t(0,\ 1,\ \tan\beta)$
$= (s,\ t,\ s\tan\alpha + t\tan\beta)$

一方，点 Q の x 座標，y 座標はともに 1 であるから

$s = t = 1$

これを ① に代入すると　　$\overrightarrow{OQ} = \overrightarrow{OP} + \overrightarrow{OR}$

ゆえに，四角形 OPQR は平行四辺形である。

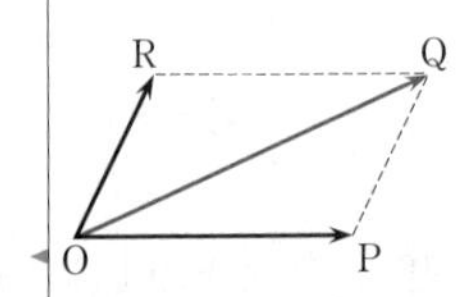

例題18　さらに　　$|\overrightarrow{OP}| = \sqrt{1+\tan^2\alpha}$，$|\overrightarrow{OR}| = \sqrt{1+\tan^2\beta}$

$\overrightarrow{OP}\cdot\overrightarrow{OR} = \tan\alpha\tan\beta$ より

$S = 2 \times \triangle OPR$

$= 2 \times \dfrac{1}{2}\sqrt{|\overrightarrow{OP}|^2|\overrightarrow{OR}|^2 - (\overrightarrow{OP}\cdot\overrightarrow{OR})^2}$

$= \sqrt{(1+\tan^2\alpha)(1+\tan^2\beta) - (\tan\alpha\tan\beta)^2}$

$= \boldsymbol{\sqrt{1+\tan^2\alpha+\tan^2\beta}}$

◀ $\overrightarrow{OP} = (1,\ 0,\ \tan\alpha)$
$\overrightarrow{OQ} = (0,\ 1,\ \tan\beta)$

◀ 平行四辺形 OPQR の面積は，△OPR の面積の 2 倍である。

(2) まず $u=\tan\alpha+\tan\beta$, $v=\tan\alpha\tan\beta$ とおく。

α, β はともに鋭角であるから　　$u>0$, $v>0$

$\alpha+\beta=\dfrac{\pi}{4}$ より　　$\tan(\alpha+\beta)=1$

$\dfrac{\tan\alpha+\tan\beta}{1-\tan\alpha\tan\beta}=1$ より　　$\dfrac{u}{1-v}=1$

◀加法定理

$u=1-v$ となり　　$v=1-u$　　$\cdots$②

次に $S=\dfrac{7}{6}$ と(1)の結果より

$$1+\tan^2\alpha+\tan^2\beta=\left(\frac{7}{6}\right)^2=\frac{49}{36}$$

◀$\tan\alpha$, $\tan\beta$ の対称式である。

$$(\tan\alpha+\tan\beta)^2-2\tan\alpha\tan\beta=\frac{13}{36}$$

$$36(u^2-2v)=13$$

② を代入して　　$36(u^2+2u-2)=13$

$$36u^2+72u-85=0$$

$$(6u+17)(6u-5)=0$$

$u>0$ であるから　　$u=\tan\alpha+\tan\beta=\boldsymbol{\dfrac{5}{6}}$

これを ② に代入して　　$v=\tan\alpha\tan\beta=\dfrac{1}{6}$

よって，$\tan\alpha$, $\tan\beta$ は2次方程式 $t^2-\dfrac{5}{6}t+\dfrac{1}{6}=0$ の解であり，これを解くと　　$t=\dfrac{1}{2}$, $\dfrac{1}{3}$

◀解と係数の関係

◀$6t^2-5t+1=0$
$(2t-1)(3t-1)=0$
より　$t=\dfrac{1}{2}$, $\dfrac{1}{3}$

$0<\alpha\leqq\beta<\dfrac{\pi}{2}$ のとき，$\tan\alpha\leqq\tan\beta$ であるから

求める $\tan\alpha$ の値は　　$\boldsymbol{\tan\alpha=\dfrac{1}{3}}$

練習 2　O(0, 0, 0), A(2, 0, 0), C(0, 3, 0), D$(-1,\ 0,\ \sqrt{6})$ であるような平行六面体 OABC－DEFG において，辺 AB の中点を M とし，辺 DG 上の点 N を MN $=4$ かつ DN $<$ GN を満たすように定める。

(1)　Nの座標を求めよ。

(2)　3点 E, M, N を通る平面と y 軸との交点 P の座標を求めよ。

(3)　3点 E, M, N を通る平面による平行六面体 OABC－DEFG の切り口の面積を求めよ。

（東北大）

問題 2　1辺の長さが2の正方形を底面とし，高さが1の直方体を K とする。2点 A, B を直方体 K の同じ面に属さない2つの頂点とする。直線 AB を含む平面で直方体 K を切ったときの断面積の最大値と最小値を求めよ。（一橋大）

共通テスト攻略例題 1　ベクトル

1 辺の長さが 1，$\angle AOB = 120°$ であるひし形 OACB において，対角線 AB を 1:3 に内分する点を P とし，辺 BC 上に $\overrightarrow{OP} \perp \overrightarrow{OQ}$ となる点 Q をとる。

(1) $\overrightarrow{OP} = \dfrac{\boxed{ア}}{\boxed{イ}}\overrightarrow{OA} + \dfrac{\boxed{ウ}}{\boxed{イ}}\overrightarrow{OB}$ である。

また，実数 t を用いて，$\overrightarrow{OQ} = (1-t)\overrightarrow{OB} + t\overrightarrow{OC}$ と表される。

ここで，$\overrightarrow{OA}\cdot\overrightarrow{OB} = \dfrac{\boxed{エオ}}{\boxed{カ}}$，$\overrightarrow{OP}\cdot\overrightarrow{OQ} = \boxed{キ}$ であることから，

$t = \dfrac{\boxed{ク}}{\boxed{ケ}}$ であり，$|\overrightarrow{OP}| = \dfrac{\sqrt{\boxed{コ}}}{\boxed{サ}}$，$|\overrightarrow{OQ}| = \dfrac{\sqrt{\boxed{シス}}}{\boxed{セ}}$ である。

よって，三角形 OPQ の面積 S_1 は，$S_1 = \dfrac{\boxed{ソ}\sqrt{\boxed{タ}}}{\boxed{チツ}}$ である。

$\boxed{ア}$ ～ $\boxed{チツ}$ に当てはまる数を答えよ。

(2) 線分 PQ と OC の交点を T とする。

T は線分 OC 上の点であり，線分 PQ 上の点でもあるから，実数 k，s を用いて，次のように表せる。

$$\overrightarrow{OT} = k\overrightarrow{OC},\ \overrightarrow{OT} = (1-s)\overrightarrow{OP} + s\overrightarrow{OQ}$$

$k = \dfrac{\boxed{テ}}{\boxed{トナ}}$，$s = \dfrac{\boxed{ニ}}{\boxed{ヌネ}}$ であるから，三角形 OPQ の面積 S_1 と，三角形 PCT の面積 S_2 の面積比は，$S_1 : S_2 = \boxed{ノハ} : \boxed{ヒフ}$ である。

$\boxed{テ}$ ～ $\boxed{ヒフ}$ に当てはまる数を答えよ。

<< ReAction ベクトルの大きさは，2乘して内積を利用せよ ◀例題14

<< ReAction 2直線の交点のベクトルは，1次独立なベクトルを用いて2通りに表せ ◀例題22

解 (1) $\overrightarrow{\mathbf{OP}} = \dfrac{\mathbf{3}}{\mathbf{4}}\overrightarrow{\mathbf{OA}} + \dfrac{\mathbf{1}}{\mathbf{4}}\overrightarrow{\mathbf{OB}}$

$\overrightarrow{OQ} = (1-t)\overrightarrow{OB} + t\overrightarrow{OC}$

$= (1-t)\overrightarrow{OB} + t(\overrightarrow{OA} + \overrightarrow{OB}) = t\overrightarrow{OA} + \overrightarrow{OB}$

ここで　$\overrightarrow{\mathbf{OA}}\cdot\overrightarrow{\mathbf{OB}} = |\overrightarrow{OA}||\overrightarrow{OB}|\cos 120°$

$= 1 \times 1 \times \left(-\dfrac{1}{2}\right) = -\dfrac{\mathbf{1}}{\mathbf{2}}$

$\angle POQ = 90°$ より　$\overrightarrow{\mathbf{OP}}\cdot\overrightarrow{\mathbf{OQ}} = \mathbf{0}$

よって

$\overrightarrow{OP}\cdot\overrightarrow{OQ} = \left(\dfrac{3}{4}\overrightarrow{OA} + \dfrac{1}{4}\overrightarrow{OB}\right)\cdot(t\overrightarrow{OA} + \overrightarrow{OB})$

$= \dfrac{1}{4}\{3t|\overrightarrow{OA}|^2 + (t+3)\overrightarrow{OA}\cdot\overrightarrow{OB} + |\overrightarrow{OB}|^2\}$

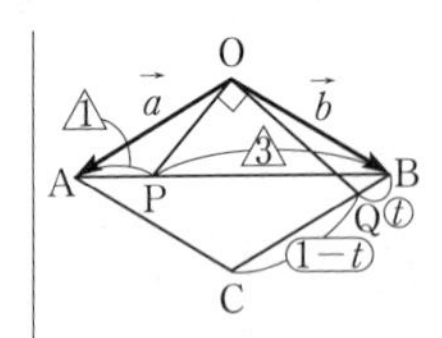

$$= \frac{1}{4}\left\{3t \times 1^2 + (t+3) \times \left(-\frac{1}{2}\right) + 1^2\right\}$$

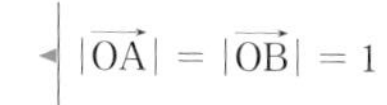
◀ $|\overrightarrow{\mathrm{OA}}| = |\overrightarrow{\mathrm{OB}}| = 1$

$$= \frac{1}{4}\left(\frac{5}{2}t - \frac{1}{2}\right)$$

$\overrightarrow{\mathrm{OP}}\cdot\overrightarrow{\mathrm{OQ}} = 0$ より　　$\boldsymbol{t = \frac{1}{5}}$

したがって　　$\overrightarrow{\mathrm{OQ}} = \frac{1}{5}\overrightarrow{\mathrm{OA}} + \overrightarrow{\mathrm{OB}}$

$$|\overrightarrow{\mathrm{OP}}|^2 = \left|\frac{3}{4}\overrightarrow{\mathrm{OA}} + \frac{1}{4}\overrightarrow{\mathrm{OB}}\right|^2$$

◀ ベクトルの大きさは2乗して考える。

$$= \frac{1}{16}(9|\overrightarrow{\mathrm{OA}}|^2 + 6\overrightarrow{\mathrm{OA}}\cdot\overrightarrow{\mathrm{OB}} + |\overrightarrow{\mathrm{OB}}|^2)$$

$$= \frac{1}{16}\left\{9 \times 1^2 + 6 \times \left(-\frac{1}{2}\right) + 1^2\right\} = \frac{7}{16}$$

$|\overrightarrow{\mathrm{OP}}| \geqq 0$ より　　$\boldsymbol{|\overrightarrow{\mathrm{OP}}| = \frac{\sqrt{7}}{4}}$

同様にして　　$\boldsymbol{|\overrightarrow{\mathrm{OQ}}| = \frac{\sqrt{21}}{5}}$

よって，三角形 OPQ の面積 S_1 は

$$S_1 = \frac{1}{2} \times |\overrightarrow{\mathrm{OP}}| \times |\overrightarrow{\mathrm{OQ}}| = \frac{1}{2} \times \frac{\sqrt{7}}{4} \times \frac{\sqrt{21}}{5} = \boldsymbol{\frac{7\sqrt{3}}{40}}$$

◀ 三角形 OPQ は，$\angle\mathrm{POQ} = 90°$ の直角三角形である。

(2)　$\overrightarrow{\mathrm{OT}} = k\overrightarrow{\mathrm{OC}}$ より　$\overrightarrow{\mathrm{OT}} = k(\vec{a}+\vec{b}) = k\vec{a} + k\vec{b}$　　…①

$\overrightarrow{\mathrm{OT}} = (1-s)\overrightarrow{\mathrm{OP}} + s\overrightarrow{\mathrm{OQ}}$ より

$$\overrightarrow{\mathrm{OT}} = (1-s)\left(\frac{3}{4}\vec{a} + \frac{1}{4}\vec{b}\right) + s\left(\frac{1}{5}\vec{a} + \vec{b}\right)$$

$$= \left(\frac{3}{4} - \frac{11}{20}s\right)\vec{a} + \left(\frac{1}{4} + \frac{3}{4}s\right)\vec{b} \quad \cdots ②$$

$\vec{a} \neq \vec{0}$，$\vec{b} \neq \vec{0}$ であり，$\vec{a}$ と $\vec{b}$ は平行でないから，①，②

より　　$k = \frac{3}{4} - \frac{11}{20}s$，$k = \frac{1}{4} + \frac{3}{4}s$

これを解くと　　$\boldsymbol{k = \frac{7}{13}}$，$\boldsymbol{s = \frac{5}{13}}$

よって，OT : TC = 7 : 6，PT : TQ = 5 : 8 であるから

$$S_2 = \frac{6}{7}\triangle\mathrm{OPT} = \frac{6}{7} \times \frac{5}{13}\triangle\mathrm{OPQ} = \frac{30}{91}S_1$$

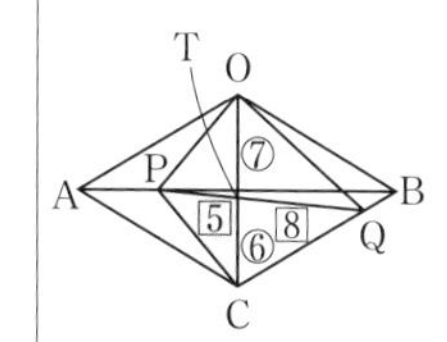

したがって　　$\boldsymbol{S_1 : S_2 = S_1 : \frac{30}{91}S_1 = 91 : 30}$

ア	イ	ウ	エ	オ	カ	キ	ク	ケ	コ	サ	シ	ス	セ	ソ	タ	チ	ツ
3	4	1	−	1	2	0	1	5	7	4	2	1	5	7	3	4	0

テ	ト	ナ	ニ	ヌ	ネ	ノ	ハ	ヒ	フ
7	1	3	5	1	3	9	1	3	0

入試攻略

1章　ベクトル

▶▶解答編 p.88

1　△OAB があり，3 点 P，Q，R を

$$\overrightarrow{OP}=k\overrightarrow{BA},\ \overrightarrow{AQ}=k\overrightarrow{OB},\ \overrightarrow{BR}=k\overrightarrow{AO}$$

となるように定める。ただし，k は $0<k<1$ を満たす実数である。$\overrightarrow{OA}=\vec{a}$，$\overrightarrow{OB}=\vec{b}$ とおくとき，次の問に答えよ。

(1)　$\overrightarrow{OP}$，$\overrightarrow{OQ}$，$\overrightarrow{OR}$ をそれぞれ $\vec{a}$，$\vec{b}$，k を用いて表せ。

(2)　△OAB の重心と △PQR の重心が一致することを示せ。

(3)　辺 AB と辺 QR の交点を M とする。点 M は，k の値によらずに辺 QR を一定の比に内分することを示せ。

（茨城大）

2　AB＝4，BC＝2，AD＝3，AD∥BC である四角形 ABCD において，$\overrightarrow{AB}=\vec{a}$，$\overrightarrow{AD}=\vec{b}$ とする。∠A の二等分線と辺 CD の交わる点を M，∠B の二等分線と辺 CD の交わる点を N とする。また，線分 AM と線分 BN との交点を P とする。$\overrightarrow{AM}$，$\overrightarrow{AN}$，$\overrightarrow{AP}$ をそれぞれ $\vec{a}$，$\vec{b}$ で表せ。

（東京理科大）

3　3 点 A，B，C が点 O を中心とする半径 1 の円上にあり，
$13\overrightarrow{OA}+12\overrightarrow{OB}+5\overrightarrow{OC}=\vec{0}$ を満たしている。$\angle AOB=\alpha$，$\angle AOC=\beta$ として

(1)　$\overrightarrow{OB}\perp\overrightarrow{OC}$ であることを示せ。

(2)　$\cos\alpha$ および $\cos\beta$ を求めよ。

(3)　A から BC へ引いた垂線と BC との交点を H とする。AH の長さを求めよ。

（長崎大）

4　三角形 ABC を 1 辺の長さが 1 の正三角形とする。次の問に答えよ。

(1)　実数 s，t が $s+t=1$ を満たしながら動くとき，$\overrightarrow{AP}=s\overrightarrow{AB}+t\overrightarrow{AC}$ を満たす点 P の軌跡 G を正三角形 ABC とともに図示せよ。

(2)　実数 s，t が $s\geqq 0$，$t\geqq 0$，$1\leqq s+t\leqq 2$ を満たしながら動くとき，
$\overrightarrow{AP}=s\overrightarrow{AB}+t\overrightarrow{AC}$ を満たす点 P の存在範囲 D を正三角形 ABC とともに図示し，領域 D の面積を求めよ。

(3)　実数 s，t が $1\leqq |s|+|t|\leqq 2$ を満たしながら動くとき，$\overrightarrow{AP}=s\overrightarrow{AB}+t\overrightarrow{AC}$ を満たす点 P の存在範囲 E を正三角形 ABC とともに図示し，領域 E の面積を求めよ。

（甲南大）